읽으면 바로 공부가 되는 아빠표 역사

읽으면 바로 공부가 되는 아빠표 역사

초판 1쇄 발행 | 2022년 11월 22일

지은이 | 이정훈
펴낸이 | 김지연
펴낸곳 | 마음세상

주 소 | 경기도 파주시 한빛로 70 515-501

신고번호 | 제406-2011-000024호
신고일자 | 2011년 3월 7일

ISBN | 979-11-5636-489-4(03590)

원고투고 | maumsesang2@nate.com

* 값 14,500원

* 마음세상은 삶의 감동을 이끌어내는 진솔한 책을 발간하고 있습니다. 참신한 원고가 준비되셨다면 망설이지 마시고 연락주세요.

읽으면 바로 공부가 되는 아빠표 역사

이정훈 지음

마음세상

진짜로 영화 같다

"아빠, 아빠~~~."

퇴근하고 집으로 돌아오자마자 딸아이가 부리나케 나오더니 뭔가를 손에 들고 있었다. 손에는 친구들과 이래저래 적은 토론지가 꼼꼼하게 적혀 있었다.

"학교에서 친구들하고 역사 이야기했는데, 선생님이 엄청나게 칭찬했어. 내가 친구 중에서 역사를 제일 잘 안다고 친구들도 막 부러워하고 뒤에 게시판에 역사 왕으로 내 이름 뽑혔어."

"이야~ 우리 딸 잘했네! 자랑스럽다."

내심 내가 뿌듯해지는 순간이었다. 아직 조선은 시작도 못 했지만 그래도 이렇게 잘 이해하고 있다는 것에 너무 자랑스러웠다.

"그런데, 조선 이야기는 아직 안 해서 잘하지 못했어."

"그래, 이제 조선 시작해야지. 오늘은 태조부터 세종까지 해보자."

"태조? 세종?"

"그래, 여태까지의 역사가 사건을 위주로 다루어 왔다면 조선은 왕의 이름으로 그 시대의 사건을 보는 것이 가장 이해하기 쉬울 거야. 조선의 왕 앞글자를 따서 '태정태세문단세/예성연중인명선/광인효현숙경영/정순헌철고순 총 27명의 왕이 계시지. 그중 태정태세까지가 조선 초기 격동의 시기에 나라의 초석이 이루어진 때야."

"태정태세문단세? 어려워 너무 길어."

"나중에 저절로 외워지게 아빠가 도와줄게. 자, 그중 첫 번째 바로 태조 이성계의 업적을 쫓아가 볼까? 태조라는 것은 나라를 처음으로 만든 사람을 뜻한단다. 나라를 처음으로 세우면 여러 가지 일을 해야겠지?"

"보통 나라를 세우면 왕권 강화~! 중국은 다른 나라에 쳐들어가고 뭐…."

"그렇지. 우리나라는 그 중 단연 왕권 강화겠지? 일단 태조는 고려를 뒤집어엎고 세운 나라이기 때문에 고려의 많은 것들을 버렸어. 고려가 고구려를 이은 나라라고 한다면, 조선은 고조선 단군을 이은 나라라고 볼 수 있지. 원래 고조선의 이름은 고조선이 아니라 조선이야. 그런데 나중에 조선이 세워지면서 쉽게 이해하기 위해서 오래될 고자를 붙여서 고조선이라고 부른 거야. 어쨌든 조선은 고조선이 그 뿌리라고 하여 이름을 조선으로 바꾸고 수도를 개경에서 서울로 옮겨간단다. 그리고 그곳에 경복궁이 생기지."

"거기까진 아빠가 이야기했지. 여행도 다녀왔고."

"그래~ 자, 독보적인 이성계의 카리스마 아래의 조선을 설계한 사람이 누구라고 했지?"

"정도전!"

"그래, 삼봉 정도전! 이성계는 정도전의 정치를 적극적으로 지지해 준단다. 정도전은 이제 자신이 설계한 혁명을 시작하지. 일단 이성계에게 과거제를 강화하자고 이야기하였지. 과거제를 강화함으로써 새로운 문관들을 뽑고 백성 중 유능한 자를 찾아내며, 차별이 없는 세상을 만들고자 했단다. 그리고 모든 국가의 구조를 중앙으로 모아서 권한을 지방으로 주는 것이 아니라 모든 일을 중앙에 허락을 맡게 하였어. 이를 중앙집권주의라고 한단다."

"왕을 기준으로 모두 모으는 거야?"

"그렇지! 완벽하게 이해했네. 그렇게 하면 왕의 통치 아래 있게 되니까 모두 왕 말을 잘 들을 수밖에 없었지. 자연스레 왕권이 강화되는 거야. 또 하나 중요한 정도전의 생각이 있었어."

"뭐?"

"바로 재상중심!"

"재상중심?"

"그렇지. 좀 어렵지? 쉽게 말해서 신하가 중심이 되는 정치를 이야기하는 거야. 신하들이 결정하고 왕은 그것을 실행만 하는 거지. 이해가 가?"

"응, 대충~"

"그래, 신하가 중심이 되어 정치하는 나라. 이건 그 당시의 생각으로 아주아주 혁신적인 생각이었지."

"그게 왜 혁신적인 생각이야?"

"옛날에는 왕은 하늘에서 내려준다고 생각했거든 근데 왕을 두고 밑에 신하들이 중심이 된다? 왕은 총명할 수도 멍청할 수도 있지만 똑똑한 신하들이 중심이 되어 국가를 운영하면 국가는 잘 돌아갈 수 있다. 이것이 정도전이 꿈꾸는 조선이다. 과연 이런 생각을 그때 당시에 할 수 있는 생각이야?"

"와~ 그럼 왕이 가만히 있어?"

"태조 이성계는 정도전을 아주 신뢰했어. 자신이 가장 믿는 신하였지. 그리고 그런 일들이 본인을 제치고 한 것이 아니라 왕에게 보고하고 설득하여 진행하였기 때문에 이성계 역시 정도전의 정치에 반감을 품지 않았지. 그리고 성리학을 공부한 정도전 역시 이러한 제도를 시행하면서 왕을 존중하는 마음도 뒤지지 않았던 거야. 그런데 다른 왕자들의 생각은 달랐어."

"아빠~ 소름~ 이방원~!"

"그래, 이방원~! 크나큰 야망을 품고 있는 이방원은 이를 곱게 볼 리 없었어. 함께 손을 잡고 조선을 세웠지만, 이방원은 그러한 정도전이 눈에 거슬렸지. 게다가 이방원이 분개하게 되는 사건이 일어난단다. 바로 이성계의 후계자 세자책봉 문제였지."

"당연히 이방원이 노력했으니까 이방원한테 세자자리를 줘야 하는 거 아니야?"

"그랬으면 참 좋았겠지. 하지만 그렇지 않았으니 문제가 생겼지. 이성계에게는 아내가 2명이 있었어. 왕이 되기 전 아내 그리고 그 아내가 죽고 난 후 두 번째 아내가 있었지. 첫 번째 아내에게서 낳은 자식이 바로 이방원이야. 다섯 번째 아들이지. 그런데 정도전의 측면에서 볼 때 지금 이성계는 자신의 말을 들어주고 또 지지해 주지만 이방원이 만약에 왕이 되면 이런 일을 할 수 있을까 생각이 든 것이지. 정도전은 두 번째 부인인 신덕왕후를 만나서 왕을 설득하여 신덕왕후의 아들 방석을 세자자리에 책봉하게 하였지."

"와~ 근데 그건 좀 억울하겠다. 조선을 세울 때 이방원이 엄청나게 노력 많이 했잖아."

"그래, 서안이라도 화가 나겠지? 이성계는 신덕왕후를 아꼈고 게다가 뒤늦게 낳은 아들이 얼마나 귀엽겠어? 이성계는 방석을 아들로 책봉한단다. 이방원의 분노는 하늘을 찌르게 되지."

"헉~ 뭔가 무서워."

"아직은 아니야. 이방원은 그렇게 만만한 사람이 아니었어. 이때 이방원은 조용히 본인의 사병을 준비한단다. 일격을 위하여 발톱을 숨기고 대외적으로는 그냥 술에 취해 사는 듯 한량인 듯 친구들과 사냥 다니고 놀러 다니는 듯이 보여주지. 그러나 사실은 친구들을 모으는 것은 군사를 기르기 위함이고 사냥을 핑계로 군사들을 훈련시켰던 거야. 정도전이 눈치채지 못하게 말이야. 그리고 마침내 제1차 왕자의 난을 일으킨단다. 이방원은 본인의 사병을 거느리고 순식간에 정도전의 집으로 찾아가 정도전을 죽이고 방석의 목을 베어 버린단다."

"헉~! 이방원은 좀 잔인한 것 같아."

"맞아. 정도전은 여태까지 계속 같이 개혁을 주도해 오던 동료였고, 방석은 배다른 동생이지만, 본인의 동생이잖아. 그런데 모두 정리해 버리지."

"동생을?"

"그래 동생을 말이야. 이성계는 본인이 사랑하던 신하와 막내아들을 잃고 조선을 세운 왕의 기품, 명예, 자존심 모두 하루아침에 잃고 만단다. 이성계는 왕위를 던지듯이 양위해 버렸지. 그냥 왕자리를 던져버린단다. 자신의 둘째 아들에게 말이야. 그리고는 고향인 함경도로 떠나 버린단다. 이 둘째 아들이 정종이야."

"어? 그럼 이방원은 또 자기 친형도 죽인 거야?"

"아~ 그렇지는 않아. 이미 모든 권력은 이방원에게 넘어가 있는 상태였고, 이방원은 아버지 이성계로부터 왕위를 빼앗았다는 말이 나올까 봐 형으로 하여금 왕위를 잇게 했어. 그 명분을 얻기 위해서 말이야."

"아~ 명분~ 하긴 아버지한테 왕 자리를 빼앗았다고 하면 사람들이 욕하겠다."

"맞아, 명분을 잘 이해했네. 하지만 오래가지는 않았어. 2년 후 정종을 밀어내고 본인이 왕에 오른단다. 태종은 왕이 되고 나서 그래도 아버지를 서울로 모셔오기 위해서 여러 번 신하를 보냈어. 그 심부름 가는 신하를 차사라고 하는데, 이성계는 차사가 오면 바로 활을 쏴서 죽여버렸어. 그때부터 함흥으로 간 차사는 돌아오지 않는다고 하여 소식이 없는 사람을 일컬어 함흥차사라고 부르게 된 거야."

"아, 근데 이 이야기 진짜 역사 이야기 맞아?"

"그래, 진짜 역사 이야기 맞지. 정말 영화보다 더 영화 같은 이야기지?"

"진짜로 영화 이야기 같아. 그리고 좀 잔인해."

"그래, 이 왕이라는 권력이 얼마나 사람의 추악한 면을 보여 줄 수 있는지 여실히 보여주지? 안타깝다."

"그 이후에는 어떻게 되었어?"

"음, 일단 밥 먹고 아빠 배고파."

"치~ 재밌었는데."

"다음에 또 이야기 해 줄게. 이제 조선의 재미있는 이야기들이 기다리고 있으니까 기대해도 좋아."

놀러 가자 문경으로

언제인가 할머니와 티브이를 보고 있던 딸은 나에게 사극은 어떻게 찍느냐고 물어본 적이 있었다. 아무 생각 없이 다음에 찍은 장소 한번 데리고 갈게라고 이야기했고, 역시 아이들 앞에서 찬물도 함부로 마시는 게 아니었나 보다. 어찌 되었든 우리는 오늘 문경으로 가고 있었다.

"아빠, 근데 문경에는 사극 찍은 것들이 있는 거야?"

"응, 문경에 사극 세트장이 있어서 그곳에서 영화를 촬영하는 거지."

"거기서는 뭘 찍었는데?"

"아~ 엄청 유명했던 드라마 엄마도 알 거야. 태종 이방원의 이야기를 다룬 드라마이지."

"으~ 좀 무서운 곳이네."

"음, 가기 전에 좀 오해를 풀고 갈까?"

"무슨 오해?"

"네가 태종 이방원을 너무 잔인하게만 보는 것 같아서."

"잔인하잖아. 다 죽이고~ 으~ 무서워."

"그럼 다른 면을 좀 보자. 이방원이 왜 그래야만 했는지. 그리고 이방원이 왕이 되고 어떤 일을 했는지. 물론 이방원에 관한 판단은 서안이가 하는 것으로."

"응, 좋아."

"자, 이렇게 피를 날리며 왕에 오른 이방원이지만 좋은 제도들을 많이 만들었지. 아빠 개인적인 생각으로 는 이방원이 개혁 군주였다고 생각한단다."

"왜?"

"그 이유로는 첫 번째로 강력한 군주의 모습으로 실행한 제도들이 있어. 먼저 백성들을 돌보았지. 양전법이라고 해서 해마다 나는 쌀의 양을 정확하게 조사해서 백성들이 굶지 않게 도왔지. 그리고 호패법을 만들었어. 지금 같은 주민등록증을 만든 것인데 정확하게 백성을 조사하고 세금을 내야 할 때만 정확하고 일정하게 걷음으로써 나라를 부강하게 하고자 했지. 이렇게 딱딱 맞춰서 세금을 걷으면 중간에 관리들이 빼먹거나 하지 못하겠지? 백성들도 국가에 세금을 내니 힘이 덜 들 테고"

"아~ 알겠어. 그러겠다."

"그렇지. 그리고 6조 체계를 만들었어. 예전에 아빠가 이,호,예,병,형,공이라고 해서 6개의 부서가 조선에 있었다는 말했었지? 그 6조 체계에 더

해서 6조의 대장들이 왕에게 직접 보고하는 체계를 만들었어. 그전에는 6조의 대장들이 정승이었던 우의정 좌의정 등에게 보고했었거든."

"그러면 왕이 직접 다 보고 받는 거야?"

"그래~ 그러면 정승들의 힘이 떨어지고 왕의 힘이 세지겠지? 그렇게 모든 힘을 자신에게 모았어. 그야말로 강력한 군주의 모습이지. 그리고 신문고 제도를 만들어서 백성들의 억울함을 듣고자 하였어."

"신문고는 뭐야?"

"억울한 일이 있으면 신문고라는 북을 쳐서 억울함을 알리고 이를 듣고 풀어주겠다는 제도지."

"와~ 생각보다 좋은 일 많이 했네?"

"그치? 이런 일들을 보고하고 체계를 만든 사람은 바로 이방원의 책사 하륜이라는 사람이 있었어. 바로 이방원을 왕으로 만든 킹메이커지."

"으하하, 킹메이커~"

딸은 우스꽝스러운 자세를 하면서 웃어댔다.

"그래, 킹메이커. 왕을 만든 사람, 하륜은 이방원을 왕으로 만들고 조선 초기, 조선이라는 나라의 기강을 세운 사람이라고 볼 수 있어. 흥분하는 이방원을 달래어 발톱을 숨길 것을 이야기하고 뒤로는 왕자의 난을 일으키기 위해 군사를 모으고 사병을 키우는 작전을 짜고 철저히 계획했어. 그리고 사병들을 이용하여 1차 왕자의 난을 일으켜 성공시키는데 지대한 공을 세운단다. 그리고 왕이 되고 난 후 아직 어정쩡하던 왕의 자리에 힘과 권력을 쥐여 주었어. 바로 하륜의 작품이지. 그리고 그것을 실제로 추진시킨 이방원은 그야말로 영웅의 모습이라는 거야. 자~ 좀 어때 이방원의 모습이 좀 달라 보여?"

"응, 조금은 그런 거 같아."

"그런데."

"응? 또 그런데야?"

"그래, 그런데 이방원은 왕이 된 초기 자신에게 반감을 품은 모든 자를 숙청했어. 말 그대로 숙청! 모두 쓸어버렸단다. 이방원은 자신이 사병으로 왕자의 난에 성공했던 것을 기억하고 있었고, 다른 사람들이 사병을 거느리고 있으면 왕권을 위협받을 수 있다고 생각했지. 그래서 사병들을 모두 없애라고 명령했어. 그런데 이를 반대하는 사람들이 있었지. 자기를 도와 왕이 될 수 있게 해준 신하들이었어. 이방원은 그러한 정 따위는 신경도 쓰지 않고 반대하던 신하들을 모두 죽여버렸단다."

"자기 부하인데?"

"자신의 동생까지 죽인 이방원이야. 그런 것 못할 것 같아?"

"그렇지만 너무 심하잖아."

"그렇지. 그리고 이방원은 자신의 부인인 원경왕후가 눈에 거슬렸단다. 사실 원경왕후 역시 이방원이 왕이 되기 위하여 엄청난 내조를 했던 인물이고 그녀의 오빠들 민씨 일족 역시 처남이 왕이 되게 적극적인 조력을 하였지. 그러다 보니 이방원이 왕이 되고 나자 외척 즉, 외가 쪽의 힘이 강해졌어. 더군다나 이방원의 아들들은 외가에서 지내길 좋아했고 외삼촌들과 각별한 정을 쌓고 있었어. 이방원은 나중에 본인이 왕에서 물러나면 외가에서 권력을 잡게 된다고 걱정했지. 그리고 이방원은 모든 외척을 숙청해 버린단다. 자신의 매형, 매제들을 모두 쓸어 없애버렸지.

그야말로 피의 숙청."

"헉! 그럼 아빠가 진우 삼촌을 없앤 거란 말이지?"

"그래, 상상이 가?"

"아니…."

"그래, 이방원은 절대 왕권을 꿈꾸었어. 실로 이방원이 제 아들 이도에게 왕위를 물려주기 전까지 본인은 권력에 대한 도전을 받지 않았지. 처음 이도가 왕에 오르고 나서도 이방원은 한동안 권력을 유지하였단다."

"권력이 정말 무서운 거구나. 이방원은 욕심도 많았던 것 같아."

"그래, 하지만 이렇게 냉철하고 무서운 이방원도 아들인 이도에게 왕위를 물려주고 나서 본인의 삶을 돌아보았나 봐. 이방원이 죽기 전 나라에 가뭄이 심해서 태왕인 이방원이 비가 오라고 기우제라는 제사를 지냈는데 이방원의 기도 덕분인지 오랫동안 내리지 않던 비가 내리게 되었어. 그리고 마침내 이방원도 생을 마감한단다. 그 후 태종 이방원이 죽은 날은 꼭 비가 온다고 하여 태종우라고 불렀고 이 태종우를 용의 눈물이라고 하는 거야. 왕을 용이라고 표현하니까 파란만장하였던 이방원이 죽어 하늘로 용이 되어 승천하면서 눈물을 흘리는 것을 이야기한 거지. 아마 본인의 삶에 대한 후회의 눈물이지 않았을까?"

"그래서 용의 눈물이라고 부르는 거구나?"

이야기를 듣고 있던 아내가 물었다.

"우리 마누라 역사를 모르고 그냥 신나게 드라마만 봤구먼."

"엄마, 나보다 역사 모르는 거 아니지?"

"엄마도 다 알아~ 마지막 용의 눈물만 몰랐던 거지."

“앗싸! 내가 엄마보다 역사 더 잘 안다~~”

‘뭐? 하하하!’

우리는 한참을 웃으며 이런저런 이야기들을 나누었고 이야기 끝에 문경에 도착해있었다.

여주여행

우리나라에서 가장 존경받는 인물을 꼽자면 이순신 장군과 더불어 세종대왕이 단연 1위가 아닐까 한다. 한글 창제, 과학의 눈부신 발전, 영토의 확장, 고통받던 백성의 해방, 여성의 지위 향상, 노동권리의 시초 등등 세종대왕의 업적을 이야기하자면 밤을 새워 이야기해도 모자랄 판이다. 허나, 이런 세종대왕이 어떠한 불우한 환경에 있었으며, 어떠한 희생이 발판이 되었는지는 모르는 사람이 많다. 나는 위대한 왕의 업적에 가려진 지극히 불행했던 그의 삶이 늘 마음 아팠고, 그러한 희생을 존경해 왔다. 나의 딸에게도 그 희생을 가르쳐 주고 싶었다.

"여보, 우리 요즘 여행이 좀 먼 거 같아."

"왜 힘들어?"

"아니, 이건 꼭 가야 하는 길이긴 하지만."

금요일 휴가를 내고 여주로 향하고 있었다. 여주에 아내 친구가 펜션을 열었다는 소식을 들어서 흔쾌히 방문을 약속했고 나는 간 김에 세종대왕릉도 둘러보고 여주여행도 해볼겸 흔쾌히 허락했다. 그러나 장거리 운전은 피곤하기 짝이 없었다.

"잠 오니? 내가 운전할까?"

연신 하품을 하던 나에게 아내가 물었고 나는 괜찮다는 대답 하고 계속 운전을 이어갔다. 장거리를 파악했는지 딸아이도 카시트에 몸을 맡긴 채 완전히 뻗어 코까지 골고 있었다.

여주에 도착하여 보니 오랜만에 친구를 만나 기뻐하는 아내의 모습과 따뜻이 맞아주는 친구 내외의 정감에 기분이 좋아졌다. 그리하여 피곤함보다는 오길 잘했다는 생각이 먼저 들었다. 대강 여장을 풀고 친구 내외가 다른 준비를 할 동안 딸과 나는 가까운 세종대왕릉으로 향했다.

"아빠, 나는 세종대왕이 제일 좋아."

"왜?"

"왜기는, 음, 한글을 만드셨고 또…. 아무튼 대단한 왕이잖아."

"그래, 그렇긴 하지. 우리 한민족의 5000년 역사에 길이 빛날 대왕이지. 하지만 세종대왕님 많이 힘드셨을 거야. 아빠는 세종대왕님께 늘 감사하는 마음으로 산단다."

"왜 힘들어? 그런 일들 다 하려면 바빠서?"

"그것도 그렇지만 세종대왕은 그야말로 본인의 불행한 상황을 혼자 모두 삼키고 우리나라 조선을 위하여 희생한 분이라서 그래."

"왜 세종대왕님이 불행해?"

"그럼 세종대왕의 이야기를 한번 해보자. 사람들이 잘 알지 못하는 그의 불행했던 삶을 말이야. 세종대왕의 이름은 이도 바로 이방원의 셋째 아들이야."

"헉~ 태종 이방원."

"그래~ 태종의 아들이었지. 대충 느낌이 오지? 일단 세종대왕이 어렸을 때를 보자. 어린 이도는 외삼촌들과 상당히 친했어. 어머니를 잘 따랐고 또 그런 이도를 외삼촌들이 많이 아꼈어."

"어? 태종이 외삼촌들 다 죽였잖아."

"맞아. 게다가 어머니는 아버지의 눈 밖에 나서 매우 움츠린 삶을 살았단다. 자신이 어릴 적 따르던 정도전, 외삼촌들은 모두 죽었고, 또한 세종의 장인어른인 심원 또한 역모죄로 몰아서 죽였어. 할아버지와 아버지의 싸움, 자신의 삼촌이었던 정종 그리고 방석의 죽음, 사랑하는 외삼촌들의 죽음, 장인의 죽음 등 이런 가정사를 어린 이도가 감당할 수 있었을 것 같아? 서안이는 아빠가 그렇게 했다면 어땠을 것 같아?"

"아빠가 엄청 미웠을 것 같아."

"그치? 어린 이도는 그런 충격을 받으며 자라왔지. 이런 일들을 견디지 못하고 첫째 양녕대군은 술로 인생을 허비하며 세자자리를 박차고 집을 나가 버렸고, 둘째 효종 대군은 스스로 머리를 깎고 스님이 되었어. 어쩔 수 없이 세종대왕이 왕위를 이어받을 수밖에 없었지."

"하, 그렇구나."

"왕이 되어서도 태종은 상왕으로 권력을 쥐고 있었어. 왕은 아무런 힘도 없었고 태종은 제 아들을 왕으로 인정하지 않았어. 심지어 중요한 결단은 태종의 추종 세력과 태종에게 허락을 받고 결정해야 했지. 자신의 형제를 죽인 태종의 무서움 앞에 세종은 자신의 목숨을 걱정해야 했어."

"무서웠겠다."

"그래, 그리고 세종대왕은 왕이 되자마자 큰아버지 정종이 돌아가셨고 정종의 삼년상이 끝나자마자 아버지인 태종과 어머니인 원경왕후도 돌아가셨지. 결국, 왕이 되고 약 7년 동안 상중에 있었던 거야. 옛날에는 부모가 돌아가시면 삼년상을 치렀거든."

"삼년상?"

"응, 매일 제사를 지내고 곡을 하고 고기를 금하고 무덤을 관리하고 등등 일을 해야 해."

"힘들겠다."

"그래, 그 힘든 일을 7년간 했지. 그러면서도 국가운영에 대해서도 소홀히 하지 않으셨어. 어린 이도는 개인적으로 보았을 때는 정말 상상도 못 하는 불행을 겪으며 자라온 것이란다. 그러한 불행을 모두 이겨내고 오직 국가를 위하여 헌신한 대왕이야. 그래서 더 존경을 받아야 마땅한 것이지."

"대단하다, 정말……."

"그럼 분위기를 환기하는 의미에서 이제 세종대왕의 업적을 하나하나 좀 이야기해보자."

"우선 세종대왕 하면 학문이지? 각종 책을 편찬하고 집현전을 설치하여 연구를 시켰어. 여기서 하는 연구는 지리, 인문, 풍습, 생태, 윤리, 농업, 측량, 수학, 약재 등등 이루 말할 수 없는 많은 분야를 발달시켰지. 세종대왕은 집현전에 꼭 들러 학자들과 비판적 논의를 했어. 아무리 왕이라고 할지라도 학자들은 왕의 생각이 틀렸다고 생각되면 틀렸다고 이야기할 수 있었어. 그러면서 해답을 찾아가는 아주 올바른 토론을 했던 거야. 그리고 이렇게 많은 책을 쓰려면 어떻게 해야 할까?"

"그러게. 그거 다 쓰고 책으로 만들려면 엄청나게 써야겠다."

"예전에 아빠가 말한 금속활자 생각나?"

"응, 직지! 아, 금속활자가 발달하겠구나."

"그래, 그렇게 생각해야지. 우리 딸도 제법인데!"

딸은 고개를 들고 만면에 웃음을 띠었다.

"그리고 과학 분야에 눈부신 발전이 있었지. 우리나라는 그때 명나라에 간섭을 많이 받았기 때문에 명나라의 달력을 가지고 와서 사용했단다. 근데 중국이랑 우리나라가 지역이 다른데 제대로 딱 맞을 리가 없지. 예전에는 농사에 달력이 아주 중요했거든. 달력을 알아야 농사를 지을 때를 아니까. 고민하던 세종대왕은 따로 천문을 연구하고 날짜, 시간을 정확히 하려고 했지. 그러던 중 대단한 인물을 발견한단다."

"누구?"

"장영실!"

"아, 알아. 들어봤어."

"그렇지. 세종대왕의 눈에 관의 노비였던 장영실이 들어온 거야. 세종대왕은 노비였던 장영실을 전격 채용하여 유학까지 보낸단다. 그리고 벼슬까지 주지. 정말 당시의 상황에서는 유례없는 일이었어. 장영실은 그런 세종대왕의 은혜에 성과로 보답했어. 혼천의, 앙부일구 등 천문에 대한 기구와 자격루 등의 시계, 이루 말할 수 없는 눈부신 작품들을 완성하게 된단다. 특히 자격루는 그 시대로 비추어 보았을 때 세계 최고의 시계였었어."

"노예가 그렇게 한 거네."

"그렇지. 기본적으로 세종대왕은 노비든 평민이든 귀족이든 가리지 않고 능력이 있는 자를 우선으로 뽑아 나라에 보탬을 되고자 했어."

"진짜 대단하다."

"그뿐만 아니지. 세종대왕은 나라의 영토를 확장해. 김종서 장군을 시켜 북으로는 지금의 우리 영토를 만들고 남으로는 왜구를 토벌하고 대마도를 점령하는 한편 울릉도와 독도를 경상에 편입시킴으로써 우리 영토를 확고히 했단다. 그래서 일본이 독도를 자기네 땅이라고 우기는 것은 말도 안 되는 이야기가 되는 거야."

"몇백 년 전부터 우리 땅이네."

"그렇지. 감히 일본이 우리에게 이야기할 수 없는 내용인 거야. 그런데 이 모든 세종대왕의 업적들은 기본적으로 백성을 사랑하는 마음에서 나온 것이란다. 관노와 노비들이 아기를 낳게 되면 겨우 7일 후에 다시 일해야 했는데, 그것을 100일로 늘렸어. 또한, 남편에게도 출산휴가를 주었지. 그리고 예전에는 노비를 주인이 죽여도 나라에서는 아무 말 안 했지만, 세종대왕은 노비를 죽인 주인을 처벌했어. 이 모든 것이 세종대왕이 백성을 사랑하는 마음에서 비롯되었다고 볼 수 있어."

"그런 거 같아. 아빠가 노비는 개만도 못한 취급을 받는다고 했잖아. 그런데 그런 노비까지 일일이 챙겼던 것을 보면 아, 세종대왕님의 마음이 느껴져."

"그리고 마지막으로 대단한 업적이 하나 있지."

"한글!"

"맞아, 한글 역시도 백성을 사랑하는 마음에서 시작된 일이지. 글을 몰라서 나라에서 보낸 방을 읽을 줄도 모르고 또 글을 모르니 글을 아는 사람이 속여도 백성들은 몰랐지. 그러다가 보니."

"잠깐 아빠, 근데 왜 글을 모르는 거야?"

"너, 아빠가 한자 가르쳐주면 내일이면 까먹잖아. 우리나라에는 한자만 사용해서 글을 썼고, 그때의 백성들은 아침에 일어나면 논이나 밭으로 일을 나갔다가 밤이면 돌아와서 자는데 책을 읽을 여유도 없을뿐더러 한자가 어려우므로 많은 시간을 투자하지 않으면 외울 수 없었어. 또 공부는 평민이 하는 게 아니라 귀족들만 하는 거라고 생각했기 때문이지."

"치, 다 잊어먹지는 않는데…."

나는 만면에 웃음을 띠며 다시 이야기했다.

"어쨌든 이 한글은 아주 어린 아이부터 배울 수 있게, 쉽게 만들고 또 이 한글로 세상에 흉내 못 내는 소리가 없을 정도로 완벽한 문자를 창제해 내는 거야."

"응, 사실 한글 나도 많이 틀리긴 하는데 한자보다는 훨씬 쉬워."

"그런데 이 한글은 사실 그 당시는 거의 사용하지 못했고 실제로 조선 후기로 갈 때까지도 많이 사용이 없었어."

"왜?"

"사대부라는 사람들은 성리학을 배워 자신들이 귀족이라는 인식하고 있고, 글자는 중국의 한자가 제일이지 어디서 이런 천한 글씨를 쓰냐 이거지. 참 생각해 보면 어리석기 그지없단 말이야. 아니 중국 밑에서 큰 나라 형님 나라라고 그걸 모시면서 맨날 조공 가져다 바치고 고구려처럼 들이 받아버리든지 아니면 한판 딱 맘먹고 싸워보던지 그저 자기네들 권세만 탐하면서 에잇, 바보도 아니고."

"아빠? 워워~"

"크흠, 흥분했네. 아무튼 그래서 한글이 그렇게 발전하지 못했고 그래서인지 아니면 다른 이유가 있는지 알 수는 없지만 훈민정음 창제에 대해서는 크게 알려진 바가 없어. 그 창제 과정이 미스터리인 거지."

"그런데 듣다 보니 세종대왕님은 정말 바빴겠다는 생각이 들어. 언제 이런 걸 다 하셨데."

"그래, 정치 군사 문화 예술 할 것 없이 모든 분야에서 조선은 전성기를 맞이해. 그러나 너무나 많은 일을 하다 보니 본인의 건강이 좋지 않았어. 20대부터 두통을 달고 살았고 40대까지 당뇨 각기병 피부병 백내장 등 병들을 달고 살았어. 그리고 많은 자식을 두었지만, 그 자식들이 자꾸만 죽었지. 백성을 사랑하는 어진 마음의 왕인데 자신의 자식을 얼마나 사랑했겠니. 그러한 자식이 죽었을 때 그 슬픔은 얼마나 컸을까? 하지만 이러한 고통을 모두 이겨내고 이룩한 그 성과들은 정말로 백성들을 사랑하는 왕의 모습이라고 볼 수 있는 것이야."

"갑자기 눈물 나려고 그래."

"그래, 우리나라 역사에 많은 위대한 왕들이 있지만, 아빠는 그중에 백성을 가장 사랑하였던 왕은 세종대왕이라고 당당히 말할 수 있어. 우리가 흔히 기억하는 것은 세종대왕의 업적을 기억하지만 정작 우리가 기억해야 할 것은 세종대왕의 백성을 사랑했던 애민정신인 거야."

"지금은 그런 왕이 없지?"

"글쎄, 지금은 왕의 시대는 아니니까. 아빠도 세종대왕 같은 리더가 나타났으면 좋겠다는 생각은 늘 한단다."

"마음이 찡하다…."

이야기하면서 세종대왕릉을 다 돌았고 그날 밤 친구 부부와 함께 즐거운 시간을 보낼 수 있었다. 야외에 앉아 맥주를 마시며 푸른 밤하늘에 뜬 별을 바라보니 왠지 그런 리더가 다시 나타날 것 같은 좋은 기분이 들었다.

세조

"서둘러라~ 늦는다. 늦으면 정말 차 댈 자리도 없어."

새벽부터 딸아이를 깨워서 닦달했지만 졸려서 그러는지 행동은 굼뜨기만 했다. 나는 때로는 화를 내기도 하고 또 어르고 달래가며 준비를 마쳤고, 아침에 집에서 나오니 머리가 지끈거렸다. 우리는 오늘 간월재 등산을 하기로 한날이었다. 산에 도착하여 산 위의 지천으로 널린 억새를 바라보고 있자니 마음이 평안해지는 것 같았다.

"서안아, 봐봐~ 흠흠~ '난 관상을 보았지 시대를 보진 못했소~' 어때 멋있지 않아?"

"그게 뭐야! 이상해."

"아빠가 본 영화 중에 기억에 남는 영화가 있어서 거기에 보면 억새가 화악 피어 있는 곳에서 주인공이 그렇게 이야기했지. 비슷하지 않아?"

"아빠가 영화를 안 보여 줬는데 어떻게 알아!"

딸은 쏘아붙이듯 이야기했다. 사실 미디어를 최소로 줄이고 싶은 욕심에 너튜브나 만화 등을 제한하는 편이라 좀 미안하기도 했다. 나는 파란만장한 세조의 역사를 설명해 주기로 했다.

"세조에 관한 이야기야. 영화로 만들기 딱 좋은 이야기이지."

"세조? 태정태세문단세 면…. 문단 다음에 세? 맞아?"

"오, 그래 잘 외우고 있네."

"아빠가 적어서 화장실 문앞에 붙였잖아. 안 보고 싶어도 안 볼 수가 없어서."

"그래, 그 '세' 맞아. 세조의 이야기란다."

"시작해 볼까요~"

딸은 이제 내 말투를 그대로 흉내 내는 것 같았다.

"이제 완전 똑같은데? 그래 시작해 보자. 때는 바야흐로 세종대왕이 승하하고 세종의 아들 문종이 즉위를 했을 때야. 문종은 세종의 첫째 아들이었고 세종대왕이 승하하자 자연스레 문종이 왕위에 올랐지. 하지만 문종은 몸이 약했어. 그리고 문종의 친동생 수양대군과 양평대군이 왕자로서 그 시대를 살아가고 있었단다. 수양대군과 양평대군은 어릴 때부터 총명했고 세종대왕의 아들들로서 각종 나라에 보탬이 되는 일들을 잘 수행하던 인물이었지. 하지만 또 다른 이면! 그들은 왕이 되고 싶어 한단다."

"형이 왕이 되었잖아."

"그렇지만 형은 몸이 약해서 일찍 죽을 거로 생각했거든, 문종 역시 본인이 일찍 죽을 거라는 것을 알고 있었어. 그래서 아버지 세종대왕의 충신이었던 김종서에게 자신의 어린 아들 단종을 맡긴단다. 그리고 왕이 된지 2년여 만에 세상을 떠나지. 단종은 겨우 12살에 왕위에 오른단다. 문제는 지금부터 시작인 거야."

"벌써 무시무시한 것 같아."

"그렇지? 어린 왕을 보호하려는 김종서 일파와 왕이 되려는 큰 왕자 수양대군 그리고 그 사이에서 왕좌를 노리는 또 다른 왕자 양평 대군까지. 이야기는 정말 극적으로 변하지."

"오, 왕이 되려는 자! 막으려는 자! 누가 이길 것인가?"

"그래, 진짜 이야기 시작이다. 그런데 그사이에 어마어마한 책사가 등장해 바로 수양의 오른팔 한!명!회!"

"한명회?"

"응, 이 한명회라는 사람이 이 이야기의 핵심인물로 등장해. 엄마 배속에서 7달 만에 나온 그는 칠삭둥이로 갖은 멸시를 받으며 자랐지만, 전략과 전술, 그리고 타고난 정치 감각은 그야말로 조선 역사에서 최고의 모사꾼으로 볼 수 있어."

"음, 하륜? 맞아? 하륜처럼?"

"오, 맞아. 태종을 왕으로 만든 하륜. 수양을 왕으로 만든 한명회 바로 킹메이커지. 수양대군은 왕이 되기 위하여 전국의 한량과 군사를 모집했는데, 이때 한명회는 미리 와 있던 친구 권람의 추천으로 수양대군과 처음 만나게 된단다. 수양대군은 한명회에게 김종서 몰래 군사를 모을 방법을 묻자 한명회는 활쏘기 대회를 열어 무사들을 모은 다음 술과 고기로 그들을 회유하여 친구를 만들면 된다고 하였어. 한명회의 머릿속에는 남의 눈을 가리고 수양대군을 왕으로 만들 계략이 가득했지. 그렇게 왕자의 난을 차근차근 준비해 간단다. 그리고 한명회는 난을 일으키기 전 살생부를 만든단다."

"살생부?"

"죽여야 할 사람 살아야 할 사람을 적어놓은 책을 이야기해. 여기에 적히면 죽는 거지."

"헉!"

"한명회는 사람들을 만나면서 이들을 죽여야 할지 살려야 할지 결정했어. 그리고 수양에게 그 살생부를 바치지. 수양은 살생부를 보고 한명회에게 시작을 명했지. 아무런 대비가 없던 김종서는 갑자기 들어오는 수양의 군사들을 막아내려 했지만, 결국 철퇴에 맞아 죽게 되고 양평대군은 잡혀서 귀양 가게 된단다."

"순식간에 끝나버리는 거야?"

"응, 그리고 문무백관들을 궁궐로 소집한 다음 들어오는 신하들을 한명회의 손짓으로 죽이거나 살려주거나 했지. 무시무시한 사건이야. 바로 계유정난이라고 한단다. 그리고 수양대군은 권력을 휘어잡는단다. 무시무시한 삼촌 앞에서 어린 단종은 벌벌 떨기만 할 뿐 할 수 있는 것이 아무것도 없었지. 그리고 얼마 후 단종은 왕위에서 물러난단다. 형식적으로는 왕위를 물려준 것이지만 사실상 빼앗긴 것이지. 왕위에 오른 세조는 단종을 감금하고 감시했어. 이건 뭐 삼촌이 조카를 그냥 막 대한 거지. 어머니와 아버지를 잃고 자신이 기대어 있던 김종서 장군마저 죽임을 당하고 자신을 보호하던 여러 신하는 그 자리에서 죽는 모습을 보고 단종은 어떤 생각을 가졌을까?"

"상상이 안 가. 무서움. 그냥 무섭다?"

"그래, 그랬을 거야. 이렇게 세조는 왕이 된단다."

"하, 정말 무서운 사람이구나."

"그래, 세조는 아버지의 성격보다는 할아버지의 성격을 많이 닮았지. 할아버지가 누구게?"

"음, 세종대왕의 아버지니까…. 헉, 이방원?"

"그래, 태종 이방원, 그와 닮았지. 그 이후에 이야기도 드라마틱하단다. 한번 들어봐. 세종에게는 충성스러운 신하들이 많았어. 세종대왕이 죽고 난 이후에도 신하들은 그 자리를 지키며 연구를 계속하였지. 신숙주, 성삼문, 박팽년 등 똑똑하고 영민한 사람들이었어. 그리고 그중 성삼문은 단종을 다시 왕위에 올리고자 반격을 꾀한단다. 그러나 신숙주는 배신하여 수양대군의 편에 서게 되고 성삼문, 박팽년 등은 단종을 위하여 싸움을 결정하지. 그들은 어두운 밤 모여서 수양을 쫓아내고 단종을 다시 왕으로 복귀시키기 위한 여러 모의를 하지만 모의는 성공하지 못하고 그 과정에서 발각된단다. 누구에 의해서?"

"잘 모르겠어."

"바로 한명회에 의해서 발각되지. 어느 날 일종의 잔치가 열리기로 예정되어 있었어. 그때 별운검이라는 군대가 왕을 호위하기로 되어 있었지. 별운검의 대장은 성삼문의 아버지와 유응부라는 장군이 맡게 되었어. 어때? 기회가 좋지?

“아, 그럼 별운검이 잔치할 때 모두 사로잡으면 되겠네?”

“그렇지. 근데 이것을 한명회가 눈치를 채는 거야. 그리고 연회장이 좁으니까 별운검을 빼라고 이야기 한 거지.”

“헉, 어떻게 알았데?”

“한명회는 끊임없이 이들을 주시하고 감시했거든. 눈치가 그만큼 좋은 거지. 계획은 실패로 돌아가고 세조는 먼저 성삼문을 잡아 고문해. 그리고 이에 가담한 모두를 곧 잡아들이지. 세조는 단종 복위에 가담한 약 70명 정도의 신하들은 모두 처형되고 그의 가족들까지 노비로 전락시키거나 죽여 버리는 참사가 일어나. 그리고 가두어 놓은 단종을 처형해 버리지. 단종은 결국 본인의 의사와 상관없이 죽임을 당한단다. 그리고 단종의 어머니이자 자신의 형수인 인현왕후의 무덤을 파헤쳐 시체를 다시 목베어 버리는 끔찍한 일도 저질러.”

“으, 끔찍해.”

“그러게. 잔인하지. 그중 대표 6명은 조사 과정에서 극심한 고통을 받는데 그런 고통을 받는 중에서도 세조를 절대 왕이라고 부르지 않고 나으리라고 불렀단다. 왕으로 인정하지 않는다는 거지. 세조는 왕이라고 부르고 왕으로 인정하면 그들의 충심을 높이 사 살려줄 뜻을 이야기하였으나 그들은 죽는 그 순간까지 세조를 왕으로 인정하지 않아.”

“그냥 전하라고 부르면 되잖아.”

“그래, 그러면 되는데 그들은 끝내 부르지 않아. 사람들은 세종부터 문종, 단종에 이어진 왕들에 대한 그들의 충심을 높이 사 죽고 난 여섯 명의 신하를 일컬어 사육신이라고 부른단다. 죽은 여섯 명의 신하 성삼문,

박팽년, 이개, 하위지. 유성원, 유응부 이 여섯 명이 바로 그들의 이름이지. 절개를 상징하는 이름이란다. 그 이후에 이들의 뜻을 받들어 관직에서 물러나 초야에 묻혀서 인생을 마감한 여섯 명의 절개 높은 사람들이 있었는데 이들을 생육신이라고 부른단다. 살아남은 여섯 명의 신하 김시습, 원호, 이맹전, 조려, 성담수, 남효온이 그들이란다.

"그런데 아빠 신숙주라는 사람은 왜 배신을 한 거야?"

"글쎄, 사실 신숙주가 배신한 건지는 모르지. 그는 절개 있는 충신이었으나 본인의 사상이나 생각을 세조가 더 잘 이루어 줄 수도 있다고 생각했을 수 있지. 그런데 재밌는 사실 하나 이야기해줄까?"

"뭐?"

"숙주나물이 왜 숙주나물인 거 같아?"

"갑자기 웬 숙주나물?"

"원래 숙주나물의 이름은 녹두나물이야! 그런데 녹두나물이 색깔이 정말 잘 변하거든. 사람들은 녹두나물이 변하는 것을 보고 꼭 신숙주 같다고 숙주나물이라고 불러버렸지."

"그래서 숙주나물이구나."

"변절인지 모르겠지만, 아무튼 그렇게 불렸어."

"세조도 정말 무서운 사람이었네."

"그래, 근데 태종도 마찬가지지만 세조도 왕이 되고 왕권이 확립되자 상당히 정치를 잘해. 왕이 되고 나서 왕권을 강화했고 토지제도를 인구비례에 맞게 개선하는 군현제를 정비했고 또 호패법을 강화해서 군인을 사정에 맞게 뽑았지. 그리고 그 군대를 훈련해서 아주 강하게 만들었어.

그리고 가장 큰 업적으로 꼽히는 조선의 기본 법전인 경국대전을 편찬했어. 법을 정비한 거지. 그런데 이렇게 잘한 일들이 왕위찬탈이라는 이야기에 가려진 거지."

"그러게. 세조하면 무서운 사람이라고밖에 생각 안 나."

"그렇겠지. 사실 세조도 많은 업적을 남겼는데 말이야. 그래서 아무리 잘해도 잘못한 몇 가지가 더 튀어 보이는 거야. 알겠니? 딸아~"

"난 그렇게 잘못하는 거 없는데?"

"그렇긴 하지. 뭐 아빠 눈에는 네가 하는 게 다 이뻐 보이니까. 자~ 이제 내려가 보자. 내려가서 파전? 라면? 콜~?"

"코올~."

강화도 여행

예전 안양에서 살았을 때 가끔 강화도로 놀러 가고는 했는데 그쪽에서 사귀었던 친구가 강화도에 자그마한 낚시터를 오픈했다고 우리 가족을 초대했다. 오랜만에 기차여행을 해보기로 하고 우리는 강화도로 향했다.

"아빠, 강화도는 그때 삼별초가 있던 곳 아니야? 왕들도 자주 도망가고."

"응, 그렇지."

사실 이번에는 특별한 역사여행 등을 계획으로 하지 않은 터라 내심 좀 뜨끔했다.

"거기도 가볼 거야?"

"글쎄, 일정이 그렇게 되려나 모르겠다."

좀 실망한 딸아이에게 다른 이야기로 화제를 돌려야겠다고 생각했다.

"딸 대신에 다른 이야기 해줄게. 너 우리 조선의 왕 중에 종이나 조로 왕을 지칭하는 말이 아닌 군이라고 표현되는 왕이 있는데 알고 있어?"

"아니? 근데 왜 군이야?"

"왕의 자격을 박탈당한 사람들인데, 연산군과 광해군이 있지. 근데 강화도가 연관 있는 인물은 연산군이야. 연산군이 쫓겨나서 유배 간 곳이 강화도거든."

"근데 왜 쫓겨났어?"

"그 이야기 해줄까? 음, 연산군은 폭군이라…. 이 역사를 알기에는 네가 좀 어린 것도 같고……."

막상 연산군에 대하여 설명을 해주려니 고심이 깊어졌다. 연산군의 폭정을 어디까지 설명을 해야 할지. 그리고 어떻게 유연하게 이야기해줄지 고민이 되었다.

"일단 설명해줘 봐. 서안이에게 듣기 좀 그렇다 싶으면, 내가 다시 이야기 해줄게."

아내가 이야기했다.

"그럼 해보자."

"일단 연산군은 성종의 아들이지. 서안이 외워봐."

"태정태세문단세 예성연중…. 아, 거기에 연이구나?"

"맞았어! 예종은 병약해서 일찍 돌아가셨고 성종 같은 경우에는 장기간 왕위에 있었지. 연산군의 계보가 좀 복잡한데 잘 봐."

나는 핸드폰을 꺼내어 그림을 그렸다.

"와! 복잡하네~"

"좀 그렇지? 그러나 연산군은 성종과 폐비 윤 씨의 맏아들로 태어났고 세자가 되자마자 제왕이 되는 데 필요한 여러 가지 공부를 마침으로써 마침내 19살에 왕이 된 인물이야. 준비된 왕이지."

"그럼 왕 역할도 잘했겠네! 공부도 많이 했으니까."

"그렇게 잘했으면 군으로 불리지 않았겠지. 하지만 왕의 칭호를 받지 못하고 폭정을 일삼다가 왕자리에서 쫓겨나. 이 계기가 된 것은 바로 자신의 어머니 폐비 윤 씨 때문인데, 성종의 둘째 부인이야. 성종의 첫째 부인이 아이가 없이 세상을 떠났고 윤씨가 중전이 되었지. 그런데 윤씨는 질투가 심한 사람이었어. 왕이 다른 후궁들과 있는 꼴을 못 봤고, 독약을 구하여 후궁을 죽이려고 하거나 누명을 씌워 왕으로 하여금 후궁을 죽이려고 했지. 성종은 그래도 세자의 어머니라서 많이 용서했단다. 그러다가 결국 윤씨는 왕의 얼굴에 손톱자국을 내는 엄청난 일을 벌이고 말지. 왕의 얼굴은 용안이라고 해서 감히 왕의 얼굴에 흠집을 낸 것은 정말 죽어 마땅한 일이야. 결국, 성종의 어머니 인수대비는 화가 폭발했고, 마침내 윤씨를 중전 자리에서 물리게 하고 궁궐 밖으로 쫓아낸단다."

"어머니가 잘못했네."

"그렇지? 근데 그 이후에 성종이 윤씨를 안타깝게 여겨서 궁녀들을 시켜서 가서 살펴보라고 했어. 그때 인수대비는 궁녀에게 명령하여 왕에게 거짓말하게 시켰지. 궁녀들은 돌아와서 왕에게 반성할 기미가 없고, 아직도 여전히 못된 성격을 버리지 못했다고 했어. 그 말을 들은 신하들은 사약을 내려 죽여야 한다고 했고, 결국 여론에 밀려서 윤씨에게 사약을 내리게 돼."

"마지막 죽음은 좀 억울하다."

"그렇긴 하지 좀 억울하게 죽은 것은 맞아. 그런데 연산군의 성격도 그리 좋지는 못했어. 연산군은 두 번의 사화를 일으켰는데 이를 무오사화, 갑자사화라고 해. 조선시대 최초의 사화이지."

"사화가 뭐야?"

"선비들이 화를 입는다는 뜻으로 신하들이 무차별적으로 벌하여 엄청난 인원이 죽거나 벌을 받는 일을 뜻해."

"벌써 공포 이야기 같아."

"좀, 그렇지? 연산군은 신하들이 편을 나누어 싸우는 장면을 지켜 보고 있었지. 복잡하게 이야기하면 사림 훈구등 복잡할 테니 연산군이 좋아하는 사람들을 훈구파라고 생각하면 돼. 새로운 세력이 사림파인데 연산군은 이들을 좋아하지 않았어. 그러던 어느 날 사림파에서 역사적 문제를 거론했어. 바로 단종을 내쫓은 세조에 관한 이야기야. 사림파가 설명한 내용이 세조를 욕되게 했다는 핑계를 대면서 자신의 태왕을 욕한다며 사림파의 신하들을 모두 척살 해버리지 그리고 이미 죽은 사람은."

"잠깐! 거기까지."

아내는 말을 끊고 좀 부드럽게 이야기 해주었다.

"정말 많은 사람을 연산군은 죽이거나 관직에서 쫓아내고 유배를 보냈단다.

"그렇지. 그렇게 했어. 그리고 바로 직후에 일어난 갑자사화."

"갑자사화는 왜 일어났어?"

"이것은 연산군이 어머니의 죽음을 알고 나서 발생했어. 훈구파 세력들 중 신하 한 명이 폐비윤씨의 피가 묻은 옷가지를 가져다 준단다. 그러면서 '억울하게 돌아가신 어머니의 한을 풀어야 합니다~'

이렇게 말하는 거야. 이것을 본 연산군은 어떻게 될까?"

"헉!"

"연산군을 피눈물을 흘리며, 어머니의 복수를 다짐하지 그리고 폐비윤씨의 일에 관여된 모든 자를 모두 정말 모두 쓸어버린단다. 심지어 자기 할머니 인수대비에게 찾아가서 이를 따지다가 인수대비를 머리로 받아버려.

"할머니한테 헤딩한 거야?"

"응, 그냥 냅다~ 퍽~! 쓰러진 인수대비는 얼마 못 가서 세상을 떠난단다. 정말 궁궐은 피비린내로 가득했어. 하루가 멀다고 모두 죽어 나가니 말이야. 그때부터 연산군의 폭정이 시작한단다. 사냥이나 소풍하러 갈 때면 자신의 사냥터에 방해가 된다며 백성들을 모두 쫓아내고 마을 비워 놓기도 했고 멀쩡한 사람이 사는 땅에다가 연못을 만들어 물놀이를 즐기기도 했단다. 게다가 흥청이라는 것을 설치하여 관청을 만들었는데 이게 정말 어이없는 곳이야."

"흥청이 뭔데?"

"하, 뭐라고 설명해야 하지…"

막상 말을 꺼내두니 뭐라고 말이 잘 나오지 않았다.

"전국에 예쁜 여자들을 데리고 와서 궁궐에 살면서 매일 술 마시고 노는 관청을 이야기하는 거야." 옆에서 이야기를 듣던 아내가 도와줬다.

"왕이 아무것도 안 한 거야? 세종대왕님하고는 완전히 다른데."

"그렇지. 이때부터 마음대로 돈도 쓰고 술 마시고 아무렇게 생활하는 것을 보고 흥청망청이라는 단어가 만들어진 거야. 흥청이 나라를 망하게 하는 관청이다. 흥청망청 이렇게 되다 보니 백성들의 생활은 정말 힘들어지고 나라에 돈은 없어지게 되었지. 왕이 쓰는 돈이 백성들을 궁핍하게 할 정도니 얼마나 놀았을지 상상이 가냐 이거지."

"하, 진짜 대단한 왕이구먼."

"그래, 그렇게 놀기만 하다가 신하들에 의해서 연산군은 결국 쫓겨난단다. 그리고 바로 이 강화도로 쫓아내 버리지. 연산군은 강화도에서 정말 비참한 사람을 살다가 죽는단다."

"그래도 여기서 집 짓고 잘 살았을 것 아냐?"

"백성들이 가만히 뒀을까? 그만큼 화가 났었는데??

"아!"

"1년 만에 연산군은 죽고 말아."

"그렇구나, 벌 받은 거네."

"연산군 옆에는 장녹수라는 흥청 출신에 여자가 있었는데, 이 장녹수를 마음에 든 연산이 이뻐하자 장녹수는 자기 마음대로 권세를 휘둘렀어. 마음대로 남의 재산을 빼앗고 마음에 안 들면 죽였지. 연산군이 쫓겨날 때 장녹수를 잡아 죽이고 그 시체를 시장에다 버렸는데 사람들이 그 시체에다가 욕을 하고 돌을 던져 댔다고 하니 얼마나 폭정이 심하였는지 알 수 있지."

"그런 왕도 있었구나."

"그래, 세종대왕 같은 성왕이 있었던 반면에 정말 악행을 저지른 왕도 있단다. 물론 어머니의 죽음에 의해서이긴 하지만 연산군의 폭정은 도를 넘은 것이었단다."

"강화도에 그런 것들이 있겠네."

"잠시 살던 유적지가 있을 거야. 시간 한번 조정해 볼게."

"고마워, 아빠."

이런저런 이야기를 들려주면서 강화도로 향했고, 오랜만에 만난 친구와 즐거운 시간을 보냈다. 그리고 딸을 유배지 쪽으로 데리고 갔을 때 딸은 무섭다며 가까이 가려고 하지 않았다. 결국, 우리는 헛걸음 한 셈이었지만, 그러한 역사가 있었다는 사실을 안 것에 대하여 위안 삼기로 하였다.

벌레가 글을 만드네?

햇볕 따스한 날 딸아이와 촌집으로 향하였다. 우리는 촌집에 이것저것 정리를 해두고 오랜만에 많이 자란 잔디도 손본 다음 장모님께서 심어놓으신 백일홍을 구경하고 있었다.

"아빠, 잎사귀에 벌레들이 이렇게 파먹은 게 꼭 글자 새긴 것 같아. 그림을 그린 것 같기도 하고."

"어? 진짜 그러네. 이리저리 잘도 파먹었네. 약을 쳐야 하나."

잎사귀를 보면서 해충 걱정에 약을 알아봐야겠다 생각했지만, 딸아이는 신기한지 잎사귀에 벌레를 올려놓고 놀고 있었다. 그 모습을 보니 괜스레 내가 너무 때가 묻었구나 하는 생각이 들었다.

"주초위왕!"

"응? 뭐?"

"주초위왕이라고 옛날에 조광조라는 개혁자를 죽음으로 몰고 간 네 글자야. 조씨가 왕이 된다는 의미이지."

"그건 또 무슨 이야기야?"

"연산군이 죽고 난 이후에 정종이 즉위하고 그때 바람같이 나타난 개혁가가 있었어. 대단한 정치인 조광조라는 인물이지. 근데 그 인물을 없애기 위해서 다른 세력에서 쓴 방법이야. 달달한 꿀로 잎사귀에 주초위왕이라고 써놓고 벌레가 그 부분만 파먹게 했지. 그리고 왕에게 일러바쳐."

"그건 또 무슨 이야기야?"

"정종과 조광조에 관해서 이야기해줄게. 저기 잔디밭 의자에 앉아서 이야기해볼까?"

"앗싸~ 역사 이야기다."

"음, 보자. 어디서부터 시작해야 하지··· 그렇지, 일단 연산군이 쫓겨나서 죽은 것은 알고 있지? 그때 이후의 이야기야. 연산군이 쫓겨나고 연산의 이복동생 중종이 왕위에 오르지. 그런데 앞에 왕이 너무 나라를 망쳐버린 터라 중종이 이 나라를 통치하기가 너무 힘들었단다."

"왜?"

"일단, 나라의 돈이 없어요. 연산이 흥청망청 돈을 다 썼으니까. 그리고 훈구파라는 세력이 너무 힘이 강해졌어. 훈구파라는 사람들은 옛 세조 때부터 있던 나라를 세운 공신들을 이야기하는데 연산을 거치면서 이들의 힘이 너무도 세지게 된 거야. 한마디로 신하들이 말 안 듣는 거지. 정종이 뭘 하고 싶어도 신하들이 반대하니 쉽지가 않지. 게다가 원래 고인물은 썩는 법이거든 이 훈구파의 비리가 연산군 때 와서 극에 달랐기 때문에 중종으로서는 정말 쉽지 않은 난국이었어."

"그랬겠다. 전에 왕이 혼자 맨날 놀았으니, 왕 몰래 마음대로 했겠네."

"그렇지. 그러던 중에 조광조라는 인물이 혜성처럼 나타난단다. 들려오는 이야기지만 조광조는 상당히 잘생긴 미남이었다고 해. 아빠처럼."

"그럼, 못생긴 건데?"

"크흠, 아무튼 조광조는 잘생겼었대. 성품이 강직하고 뚝심이 있고 배포도 대단했지. 하나의 일화로는 조광조가 관직에 오르자마자 왕에게 처음 올린 상소 즉, 왕에게 고하는 문서가 뭔 줄 알아?"

"뭐야?"

"조광조가 사간원이라는 곳으로 처음 가게 되는데 가서 이틀 동안 근무하고는 왕에게 말하길 '여기 사간원과 사헌부는 바른말을 하는 자리인데 와서 보니 아무도 바른말을 하지 않으니 여기에 근무하는 모두를 관직에서 파직 시키시옵소서~"

"뭐야? 다 나가게 하란 말이야?"

"그렇지. 얼마나 배포가 크냐, 새내기가. 근데 이 상소를 보고 중종이 아주 마음에 들어 해. '이 녀석 봐라~' 했겠지. 그리고 이 사람에게 개혁을 맡겨야겠다고 생각하게 되는 거지."

"그럼 중종은 그런 모습에 반한 거네."

"그렇다고 봐야지. 조광조는 사림세력이었거든. 사림세력이라고 하면 음, 정몽주를 떠올리면 돼. 정몽주처럼 온건했던 사람들이 지방으로 내려가 학문연구를 했던 집단으로 성리학이라는 학문을 공부하고 유교 연구를 하던 사람들이야. 복잡할 수 있으니까 훈구세력과는 다른 세력이라고 생각하면 돼."

"그럼 중종은 훈구세력하고 사림세력하고 싸움을 붙인 거야?"

"싸움을 붙인다기보다는 일종의 견제지. 좀 세력을 약화하려는 방법을 쓰는 것이라 볼 수 있어. 어쨌든 조광조는 사림세력으로 중종의 눈에 들어서 개혁을 시작할 수 있게 되고 그때부터 사림세력들을 추천해서 관직에 하나둘 올려놓는단다. 자신의 세력을 만들기 시작한 것이지. 이때 조광조가 실행한 제도가 현량과란다. 과거제로 사람을 뽑기도 하지만 추천으로 관리를 뽑자는 의견이었지."

"음, 그건 조금 이상해. 그럼 조광조가 친한 사람들만 신하가 될 수 있잖아."

"물론, 과거제도는 그대로 있고 현량과도 같이 실시한 거지. 일단 자신의 세력은 있어야 개혁을 할 거 아니냐. 우선 조광조는 성균관을 다시 세웠어. 사실 세종대왕 이후로 성균관이 힘을 발휘하지 못했어. 조광조는 성균관을 재정비하고 학자들을 채워서 유교를 연구하고자 하였어."

"연구소를 세운 거네?"

"응, 맞아. 또한, 홍문관 사간원 사헌부 이 세 곳에서 왕의 잘못을 따지는 관청을 맡기도 하였지. 그리고 서얼 폐지에 앞장섰단다. 서얼이라고 하여 예전에는 양반들은 본인의 부인 외에 첩이라고 하여 다른 부인을 둘 수 있었어. 그런데 첩이 낳은 아이를 서얼이라고 하여 차별을 많이 했지. 심지어 아무리 능력이 좋아도 관직에 나가지 못하게 하였지. 그러한 폐단을 막고자 했던 것이야. 그리고 백성들이 농사를 지을 수는 있되 팔지는 못하게 하는 한전제, 노비법을 수정하여 노비를 양인으로 만드는 법률 고침 등 백성들을 위하여 많은 일을 했지."

"조광조는 좋은 일을 많이 했구나."

"응, 그 시대에 있어서 아주 획기적인 개혁을 많이 담당하였지. 또한, 소격서 폐지를 하자고 왕에게 이야기했지."

"소격서가 뭐야?"

"원래 소격서는 왕이 제사를 지내는 곳을 이야기 하는데 이게 유교랑은 좀 맞지 않는 곳이야. 공자의 유교를 숭상하는 성리학자들은 이를 없애고자 하였지만, 그동안 왕들이 이것은 왕권의 하나로 삼고 없애지 않았어. 조광조는 왕에게 소격서를 없애자고 한 거야."

"그럼 왕이 싫어하지 않아?"

"그래 싫어했지. 중종은 이 일로 조광조를 좀 멀리하게 되었다고 생각해."

"나 같아도 내가 아무리 좋아하는 친구도 나한테 자꾸 간섭하면 싫어질 것 같아."

"그런 셈이지. 그러던 중 조광조는 잔잔한 개혁을 하다가 나라를 통째로 뒤엎는 개혁을 단행한단다. 바로 위훈삭제!"

"위훈삭제?"

"응, 연산군을 쫓아내고 중종을 왕으로 세운 공로가 큰 중신 중 가짜 중신들을 가려낸다는 이야기야. 사실 이 중에 가짜들이 아주 많았거든. 문제는 공로가 큰 사람들에게 토지도 많이 주고 세금도 면제를 해주니 나라에 세금이 적게 걷히잖아. 그러니까 진짜 가짜를 확실하게 가려서 세금을 걷자는 거지. 그리고 이 개혁을 단행하는데 실제로 4명 중의 3명이 가짜인 거야. 전부 토지를 몰수당하고 훈장을 빼앗겨버렸어."

"이야~ 그렇게 가짜가 많았다니."

"그렇지. 근데 이런 일을 하는데 훈구파가 가만히 있겠어?"

"그렇네, 조광조를 없애려고 할 것 같은데?"

"그래, 훈구파 신하 중 한 명이 아까 말한 방법대로 꿀을 사용해서 나뭇잎에다가 주초위왕이라고 글을 써두지. 왕은 깜짝 놀랐지. 하지만, 사실 이것으로 조광조라는 인물을 제거하기는 좀 그렇잖아. 그런데 사실 중종도 은근히 화가 났던 거야. 자기 이야기는 맨날 무시하고 자기가 말하는 것만 다 바르다고 하고 왕인 본인을 가르치려고 하니 화가 났던 거지. 그때부터 왕에게 하루가 멀다 하고 상소가 도착하자 중종은 이 기회에 조광조를 관직에서 쫓아내고, 그의 추종 세력인 사림세력 모두를 귀양 보내 버린단다. 이를 기묘사화라고 해."

"기묘사화면 기묘년에 일어난 선비들이 화를 입는 것? 그럼 사림파 선비들이 화를 입는 것이네?"

"그래~ 아주 잘 풀이했네. 정말 놀랍다~ 그렇게 조광조는 관직에서 물러났지만 정종은 끝내 조광조에게 사약을 내려 그리고 조광조는 38살의 젊은 나이로 생을 마감한단다."

"아, 그럴 필요까진 없었잖아."

"글쎄, 그 당시를 살지 않았으면 모를 일이지. 중종의 다른 모습에 모두 놀라기는 했다고 해."

"조광조는 백성을 진정으로 사랑한 개혁가였단다. 그런데 아빠 생각에는 속도가 문제였지. 조금만 천천히 그리고 왕을 설득하면서 그리고 왕과의 사이를 잘 유지하면서 개혁을 했다면 좀 더 좋은 세상을 만들 수 있었을 텐데 하는 생각이 든단다."

"아빠가 항상 이야기하잖아. 너무 강하면 부러진다."

"그래, 그 이야기하고도 문맥이 일치하지 너무 강했고 너무 급진적이었던 그 대단했던 개혁가가 아빠는 참 안타깝단다."

"나도 그래."

"그럼 우리도 장난 한번 쳐보자. 나뭇잎에다가 설탕물로 글 써놓고 다음 주에 와서 확인해 보는 거 어때?"

"오~ 좋은 생각이다. 거기다가 소원 써야지."

"거기서 뭐 하니?"

장모님이 물으시자마자 딸아이는 할머니를 부르며 뛰어갔다. 그리고는 조잘조잘 쉬지 않고 떠들다가 설탕물을 얻어서 나에게 들고 왔다. 우리의 행복한 하루는 그렇게 또 지나가고 있었다.

통영1

"할머니~"

"아구아구~ 그래, 내 새끼~ 이리 와봐~"

어머니와 딸은 연신 끌어안고 좋아했다. 딸아이도 할머니를 잘 따르는 편이라 서로 얼싸안고 즐거워하는 모습이 퍽 보기 좋았다.

나의 어머니의 고향은 충무라고 불리는 통영이다. 어머니는 어릴 적 늘 통영을 충무라고 말씀하셔서 나는 통영이 충무라고 알고 있었다. 어느 날 바닷가로 놀러 갔다 오던 중에 아내가 나에게 '어머니가 이런 바닷가 참 좋아하시던데.' 하면서 고맙게도 여행을 제안하였다. 그리하여 우리는 통영으로 여행을 떠났다.

할머니와 딸아이가 손을 잡고 이리저리 다니니 나도 편하고 아내도 편한 것 같았다.

"할머니, 여기가 할머니 고향이야?"

"그렇지 할머니 여기 동피랑 마을 근처에서 태어났지. 여기 정말 판자촌이었는데, 이제는 예쁘게 꾸며 놨네."

우리는 동피랑 마을을 들렸다가 케이블카를 타고 한산도가 보이는 곳으로 올라갔다.

"와, 엄청 멋지다!"

"그래, 딸 이 바다를 굳건히 지킨 영웅이 아마 용이 되어 잠들어 계실 거야."

"응? 뭐?"

"이순신 장군이지."

뒤에 있던 어머니가 말씀하셨다.

"오, 이순신 장군? 여기가 이순신 장군이 계신 곳이야?"

"오다 보면 이순신 동상도 보이고 거북선도 보이잖아. 이곳 통영은 이순신 장군이 임진왜란을 막아낸 격전지야. 아빠한테 한번 들은 적 있지?"

"그래, 들었었지. 아빠가 막 그림 그리면서 설명해 줬는데 기억 안 나."

"컥~" 아무튼, 가끔 우리 딸은 날 놀라게 한다.

"근데, 다시 듣고 싶어. 그럼 기억 날 것 같아."

"그래, 임진왜란의 모든 일에 대해서 이야기해보자. 통한의 역사 임진왜란!" 나와 딸아이는 한산도 사진을 하나 찍어서 내려가면서 이야기하기로 했다.

"일단 이때 우리나라의 상황을 한번 살펴볼까? 음~ 임진왜란이 일어나기 전에 조선은 딱 200년이 되는 해를 맞이하였어. 그런데 그동안 아빠가 혹시 전쟁이 있었다는 이야기한 적이 없지?"

"그러네?"

"그래 200년 동안 조선은 평화를 유지하였고 조그만 전쟁이 있긴 하였지만 그리 대단한 것은 없었지. 평화로움 속에 신진세력인 사림파와 훈구파의 당파 싸움만 있었어. 그러다 보니 어느덧 군대는 많이 약해졌어. 그리고 선조가 왕위에 오른단다. 사실 선조는 왕위에 오를 서열이 못되었어."

"왜?"

"원래 진짜 왕자는 아니고 방계. 음…. 왕의사촌 정도 되는 왕자? 이렇게 설명하는 게 맞겠다. 그러다 보니 왕이 되어서도 사실 힘이 좀 없었다고 할 수 있어. 이때부터 조광조가 죽고 숨어 살던 사림세력들이 서서히 조정에 나타나기 시작할 때야. 퇴계 이황 이분도 사림세력의 한 분이었지. 어쨌든 이 사림세력들과 기존의 훈구파와 어우러져서 우리나라는 마침내 대화합이 있던 때였지. 이렇게 말하면 이상한가?"

"엥? 그럼 전쟁이 일어날 리 없겠지?"

"맞아~ 이 사림세력들도 마침내 동인세력과 서인 세력으로 분화되어서 서로 헐뜯고 싸우기 시작한단다. 당파 전쟁에만 몰두하고 나라는 정말 산으로 올라가고 있었지. 이때의 중신이었던 율곡 이이는 선조에게 '왜 나라가 정국이 안정되어 혹 우리 조선을 침범할까 염려되오니 10만의 군사를 키워 우리나라를 방어해야 합니다.' 라고 이야기하지. 그래서 선조는 일본으로 사신을 파견한단다."

"오~그래서 우리나라 사람이 일본이 어떤가 보러 간 거야?"

"응, 이제 우리나라 두 사람이 일본으로 출발하지. 자~ 한편 이때 일본은 이때 내란으로 엉망이었어. 그러다가 도요토미 히데요시라는 사람이 이 나라를 통일하고 마침내 전 일본은 자기 손아귀에 쥔단다. 그리고~"

"아~ 알겠다. 이제 통일했으니 또 왕권 강화 다른 나라 침략하겠네! 뻔하게 쳐들어온 거네."

"그렇지. 그런 이유도 있고, 비교적 최근 견해이긴 한데 일본이 임진왜란을 일으킨 이유는 무역 때문이었다고도 해. 우리나라가 중간에 버티고 있으니 무역을 하기 힘들었고 또 일본에도 마땅한 수출품목이 없는데 우리나라는 도자기 등을 수출했거든 그 기술이 가지고 싶었던 거지. 어쨌든 이 도요토미 히데요시는 자신의 왕국을 위한 여러 가지 생각을 하고 있었겠지."

"근데 이상한 게 가서 보고도 전쟁을 할지 안 할지 몰랐던 거야?"

"아, 아주 날카로워~"

"음, 두 사람이 일본으로 갔다고 했지? 동인에서 한 명 그리고 서인에서 한 명은 황윤길 한 명은 김성윤 이렇게 말이야. 두 사람이 갔다 온 후에 선조가 물어봐.

'그래, 왜놈들은 전쟁을 일으킬 것 같던가? 이에 황윤길은 '네, 이놈들 전쟁 준비를 하고 있고, 특히 도요토미 히데요시는 야심이 가득 찬 인물이므로 부국강병을 해야 합니다.' 말했지. 근데 김성윤은 '그자는 별 것 아닌 자로 야심도 없고 전쟁을 치를 수 있는 용기가 없는 자입니다. 지금 백성들도 살기에 급급한데 군사를 모으는 것은 오히려 백성들을 더욱

궁핍하게 하는 것입니다.'라고 말해. 선조는 '그래, 그럼 하지 마.'라고 하지."

"아, 진짜 그게 무슨 말이야 둘이서 똑같이 봐놓고는."

"사실 김성윤도 일본이 전쟁을 일으키리라 생각했어. 그런데 동인이 이렇게 말했는데 서인이 어찌 동조한단 말이냐고 했다지. 그리고 반대로 그때 백성들이 궁핍한 건 사실이었기 때문에 백성을 생각하고자 하는 의사도 있었겠지. 하지만 결국 당파 싸움이 이 전쟁을 몰고 온 거야. 그건 틀림없는 사실이거든. 그로부터 10년 후 일본은 20만 대군으로 우리나라를 쳐들어온단다."

"헉! 그럼 우리끼리 싸우다가 일본에 당한 거야. 그런 게 어딨어~. 아~ 진짜 왜 그러는 거야."

"그러니까 임진왜란을 통한의 역사라고 하는 거야. 다시는 이런 아픔을 겪지 말자고 류성룡 선생은 이 이야기들을 징비록이라는 책을 통해서 남겨 둔 거지."

"그래도 짜증 나."

"너무 흥분하지 말고 들어봐. 일본은 우리나라에 없는 조총이라는 무기를 들고 들어왔어. 물론 우리나라도 이와 비슷한 것이 있긴 했는데, 천자총통이라는 화포와 신기전이라는 수십 발의 화살이 한꺼번에 날아가는 무기였어. 하지만 조총이 워낙 빠른 무기이기도 했고, 잘 훈련된 군인 앞에서 우리나라는 그야말로 철저히 당하고 말아. 일본은 우리는 너희를 공격할 의사가 없고 명나라를 치러가는 길이니 비켜 길만 내주면 된다는 식으로 20만 대군을 이끌고 부산 앞바다에 도착해. 말도 안 되는 이야기지."

"왜? 길만 비켜달라잖아."

"핑계지. 그럼 길 비켜주면 일본 군인들이 지나가는데 가만히 지나가? 옛날에는 군인들이 백성들을 약탈하는 것이 일반적이었어. 그냥 항복하라는 소리야. 억지지."

"그렇구나."

"그래~ 그리고는 파죽지세로 올라온단다. 부산, 진주, 금산, 의령, 수영할 것 없이 정복하고는 단숨에 한양까지 치고 올라와."

"우리나라는 뭐 하는 거야? 아 올라오는데 막아야지."

"이때 선조는 신립 장군에게 보검을 주면서 막아내라고 이야기했어. 이때만 해도 선조는 신립 장군이 이를 능히 막아 낼 것으로 생각했지. 그런데 솔직히 상대가 되지 못했어. 탄금대라는 곳에서 목숨을 다해 항전했지만 패배하고 말아. 이게 우리나라 관군이 처음이자 마지막으로 제대로 된 군대로 싸운 거란다. 선조는 당시의 세자였던 광해군에게 왕의 업무를 맡기고 피난길에 오른단다. 백성을 버리고 피난 가는 왕을 백성들은 뭐라고 생각할까? 선조는 명나라로 가서 도와달라고 요청할 생각이었지."

"왕이 백성을 버려? 죽더라도 싸워야지?"

"워워~ 너 너무 흥분했는데? 뭐 왕이 살아야 또 백성이 산다고 편안하게 생각하자."

"그래도…."

"자, 이제 우리도 반격해야지?"

"진짜? 우리도 반격하는 거야?"

"그럼, 우리나라도 반격을 시작한단다. 전국 각지에서 의병이 일어나. 의병이라는 것은 정식 군대가 아니라 백성들이 나라를 구하기 위하여 모인 병사들을 이야기해. 류성룡과 김시민이 이끄는 관군 그리고 왕의 대리 광해가 목숨을 걸고 왜군과 대항한단다."

"백성들이?"

"응, 이때 사명대사, 조헌, 고경명, 김천일 등 모두 자신의 고장에서 의병을 모집하여 일본군과 대항하여 싸우지. 그중에 곽재우라는 걸출한 영웅이 탄생한단다. 곽재우는 본인의 재산을 모두 팔아 병장기를 마련하고 군대를 모집하여 일본과 싸웠어. 본인은 붉은 옷을 입고 백마를 탄 채 일본군을 각개에서 격파하고 다녔지. 이 곽재우의 전략과 전술이 얼마나 기가 막혔던지 일본인들은 곽재우를 귀신, 도깨비, 붉은 옷을 입은 괴물로 불렀다고 해. 곽재우는 진주성 전투에서 큰 성과를 거두어 일본군을 경상도에서 발을 묶어 놓았어. 이 의병들의 활약은 정말 대단했단다. 적은 인원이지만 지리가 아주 밝다 보니 이리저리 산에 군사를 숨겨 두었다가 지나가는 길목을 공격하여 적군을 처치한 뒤 재빠르게 빠져나가는 전술을 펼쳤지. 이걸 현대용어로 게릴라 작전이라고 해."

"와, 우리도 반격 시작이네."

"그렇지. 아빠는 우리나라 사람들이 참 멋지다고 생각해. 위기가 닥치면 너나 할 것 없이 나서는 거야. 그게 대단한 거지. 스님, 나무꾼, 농부 할 것 없이 일어났어. 나라를 지키기 위하여 목숨을 건 거지."

"진짜 그런 거 같아. 좀 위험하면 다들 나서서 나라를 지키는 것 같아."

"그래, 나라 없이는 백성도 없고 백성 없이는 나라도 없는 거야. 어쨌든 일본군과 우리나라가 치렀던 대단한 전투 중 행주대첩과 진주대첩을 한번 이야기해보자.

행주는 우리나라 서울에 약간 위에 있는 곳이거든 이때 행주에는 우리의 권율 장군이 버티고 있었지. 일본은 한양까지 정복하고 오는 터라 아주 기세등등했지. 성문을 걸어 잠그고 버티는 권율 장군 측을 일본은 세 겹으로 둘러싸고 9차례에 걸쳐 공격한단다. 그야말로 총공격을 하지."

"무시무시하구만~"

"그래, 그런데 이때 싸우던 군인들 말고도 공을 세운 사람들이 있어. 바로 부녀자들이야. 우리네 엄마들이지. 권율은 성 위에서 돌을 떨어뜨려서 공격했는데 이때 부녀자들이 치마를 짧게 짤라 입고 그 치마폭에다가 돌을 날라서 공격을 가능하게 했데. 그때부터 짧은 앞치마를 행주치마라고 불리게 되었다는 설이 있어. 물론 이것은 그냥 설이라고 역사적 진실은 아니야. 아무튼, 일본군은 돌을 이용한 공격에 큰 피해를 보고 도망가지 권율은 이때를 노려 행주성의 문을 열고 뛰쳐나가 적병을 130명 가까이 혼자 처치하는 기염을 토해냈지. "

"와~ 멋지다~"

"그치? 혼자 무쌍을 그냥 휙휙!"

"나도나도! 이얏!"

"음~ 진정하고. 다른 곳인 진주로 한번 가보자. 임진왜란 때 일본이 중요하게 생각했던 곳이 바로 진주야. 경상의 의병 활동이 진주에서 주로 일어났고, 또 본인들이 먹을 쌀을 가지고 오려면 일본에서 부산을 통하여 진주를 거쳐야 했기 때문에 이곳을 장악해야 한다고 생각했지."

"바다 건너오면 되잖아?"

"아~ 이때 바다는 임진왜란의 대영웅 이순신 장군이 지키고 있어서 일본은 어려움이 많았지. 이순신 장군의 이야기는 좀 있다가 하고 어찌 되었든 일본은 진주성을 함락하기 위하여 갖은 애를 쓴단다. 그때 진주성에는 3,800명 정도의 병사와 김시민장군이 버티고 있었어. 일본은 우리의 5배 정도의 군사 2만 명으로 진주성을 공격했지. 김시민 장군은 수천 개의 사다리를 타고 공격해오는 일본군을 막아낸단다. 김시민 장군은 대기전이라는 화살을 날리는 무기를 꺼내어 일본군이 사다리를 걸치고 올라오길 기다렸다가 펑! 사다리를 파괴했지. 그리고 화공! 불을 이용하여 공격하고 끓는 물 등을 부어서 겨우겨우 일본군을 막아낸단다. 이 전투는 6일간 계속되었고 5배나 되는 일본군은 거의 몰살하여 물러가게 되지. 그러나 김시민 장군은 용감히 싸우다가 이마에 총상을 입고 전사한단다."

"헉, 그럼 누가 진주를 지켜."

"그러게. 자, 이러고 있는 사이 이제 드디어 중국으로 떠났던 선조가 중국의 명나라 군대를 이끌고 돌아오지. 명나라 군대와 우리나라 군대는 힘을 합쳐서 위에서부터 일본을 압박한단다. 오갈 데가 없어진 일본은 다시 경상도로 내려와서 경상지역과 호남지역을 모두 점령하려고 하지. 그 대상으로 진주를 택한단다. 올라가 있던 10만의 군대를 모두 불러 모아 진주성을 2차로 공격하지. 이때 진주에는 약 2,800여 명의 군사가 있었고 이리저리 의병들이 집결하여 해봐야 7,000명 정도밖에 안 되었어.

곧 7,000명의 군사가 10만의 군사를 맞아 대격전을 벌인단다. 진주성은 성문을 굳게 잠그고 김시민장군이 했던 것처럼 공격을 막아냈지. 처음에는 일본군이 패퇴하여 물러났어. 그런데 성을 올라가기에는 무리라고 생각했던 일본이 성 앞에다가 흙 탑을 쌓기 시작했어. 이윽고 흙 탑은 성과 비슷한 높이에 이르렀고 일본군은 흙 탑 위에서 조총을 쏘아 댔지. 7,000명이었던 군사는 전멸하고 말아. 모두 죽고 말지. 일본은 성을 점령하자 성내로 들어와 6만 명이라는 백성을 한곳에 가두어 두고 모두 불태워 죽여 버린단다."

"으, 정말!"

"그래, 어떻게 인간이 그렇게 잔인할 수 있겠니. 그러나 진주성의 군인과 백성의 죽음이 헛된 것은 아니었어. 일본은 진주성 전투에서 아주 큰 피해를 보고 결국 호남 쪽으로는 향하지 못해. 진주성의 사람들이 수많은 호남의 사람들을 살린 거지."

"정말 잔인하다…"

"그렇지. 전쟁이란 것은 정말 무섭고 잔인한 것이야. 일본에 가면 코 무덤이라고 있어."

"코 무덤이 뭐야?"

"도요토미 히데요시는 인간에게 하나밖에 없는 것이 코와 귀 아니냐며 사람이 죽거든 머리를 들고 오지 말고 코와 귀를 잘라서 가지고 오라고 했어. 그래서 임진왜란 때 일본군은 자신이 죽인 사람의 코를 허리춤에 차고 다녔다는구나 일본에 그것들을 모아 논 곳이 있데. 자, 좀 흥분했으니 이제 이순신 장군공원으로 가서 통쾌하게 임진왜란을 끝내보자!"

통영2

우리는 곧장 차를 타고 이순신 장군공원으로 갔다. 이순신공원에 들어서자 위풍당당하게 바다를 바라보고 있는 이순신 동상이 떡 하니 서 있었다.

"아빠, 진~~~짜 멋있다."

"그렇지? 우리나라에서 가장 존경받는 인물 중 한 명이지. 그의 생애는 정말 파란만장했고 굳은 의지로 가득 찼으며, 꺾이지 않는 투지와 포기를 모르는 심지는 정말 본받을 만한 것이야. 아빠는 그런 의미에서 이순신 장군을 정말 존경한단다. 근데 너 이순신 장군이 이 나라를 지킨 것만 알지 실제로는 어떻게 지켰는지 잘 모르잖아?"

"전에 한 번 들은 적은 있는데 생각나진 않아."

"그래? 그럼 임진왜란을 여기서 끝내보자. 이순신 장군은 무과에 좀 늦게 급제 한 편이야. 한번은 말에서 떨어져 탈락했고 그 이후에 31살에 무과에 급제하여 관직에 올랐지. 근데 사실 이순신 장군이 늦게 무과에 급제한 이유는 먼저 문과에 도전했기 때문이야. 원래 장군이 아니라 글 공부를 하려고 해서 그랬던 거지."

"우와 그럼 공부도 잘하셨네."

"맞아, 이순신 장군의 난중일기 같은 책에서 보면 문장 하나하나가 기가 막히지. 어쨌든 이순신 장군은 무과에 급제한 이후 그렇게 두각을 나타내지는 못해. 사실 이순신 장군의 실력이 없었던 것이 아니라 너무나도 강직한 성품 때문에 그랬던 것이지."

"그럼 이순신 장군은 높은 벼슬에 오르지 못한 거야?"

"참 모순적으로 보일지 모르지만 강직한 성품 즉, 너무 바른말만 하고 철두철미하게 규칙을 지키니까 위에 사람들이 싫어했기 때문에 관직에 오르지 못한 면모도 있었는데, 그러한 강직한 성품으로임진왜란이 일어나기 전에 다른 전투들에서 공을 세우면서 또 높은 벼슬에 오르기도 해. 친구였던 류성룡의 추천도 있었고.."

"그렇구나, 하긴 그러니까 모든 수군을 다스렸겠지."

"그래, 자 이제 임진왜란이 일어나고 나서 이순신 장군의 행보를 살펴볼까? 임진왜란이 처음 일어났을 때는 이순신은 전라도 지역의 수군을 책임지고 있었어. 그런데 일본군은 어디로 쳐들어 왔어?"

"응~ 부산, 경상도로 쳐들어왔지."

"그렇지. 그러다 보니 왜군이 들어왔다는 사실을 조금은 늦게 알게 돼. 부산 쪽에는 원균 장군들이 수군을 책임지고 있었지. 그런데 이때 원균 등은 싸워보지도 못하고 도망친단다. 이순신은 전라도의 수군들을 맹 훈련하고 진격태세를 갖추어서 드디어 거제 옥포로 향한단다. 그리고 바로 거제 옥포에서 첫 번째 전투가 벌어지지. 이 전투 어떻게 되었을까?"

"이겼겠지?"

"그래, 옥포와 함포 등지에서 적의 군함 30척 내외를 침몰시키는 전과를 거두었지. 그다음 날에는 곧바로 적진포에서 일본군의 군함 10척을 박살 내버린단다. 이순신 장군은 멈추지 않았어. 그 이후에 사천해전, 당포해전, 당항포해전 등 단 한 번의 패배도 없이 모두 쓸어버린단다. 아, 그리고 사천해전에서 처음으로 거북선이 등장하게 돼. 그리고 마침내 한산도로 본영을 옮긴 조선의 수군은 일본과의 일전을 준비한단다. 이 당시 이순신 장군의 수군은 연전연승을 거두었지만, 육지에서는 패퇴를 거듭하는 중이라서 왜군들은 포기하지 않고 계속해서 들이치고 있었어. 마침내 왜군은 약 120척을 거느리고 한산도 쪽으로 침범해 오지 이순신은 약 50척 정도를 이끌고 한산도로 출격한단다. 그리고 여기서 역사의 길이 남은 작전이 나오지. 바로 학익진!"

"학익진?"

"응, 학이 날개를 펼치는 진법으로 먼저 몇 척의 소형선들이 득달같이 달려들어서 왜군을 공격한 후 바로 빠졌어. 왜군은 이들을 쫓아서 몰려갔지. 우리나라 수군은 바로 여기야. 여기에서 이쪽으로 서서히 빠지면서 넓게 퍼져 학이 날개를 펼치고 왜군을 감싸고 있는 형태로 왜군들을 가운데 놔두고 둘러서 포진한 다음에 일시에 화력을 쏟아부어 한꺼번에 침몰시키지. 왜군은 어디로 도망갈 때도 없이 그야말로 처참하게 무너져. 이때 전투는 정말 어마어마했지. 이때 몇몇 일본인들이 한산도로 도망쳤다가 미역만 먹으며 근근이 13일을 버티다 탈출했데, 그래서 이날 그의 자손들은 미역을 먹는 풍습이 생겼다는구나. 그렇게 당한 날을 잊지 않기 위해서."

"잘~~~ 되었다. 아주 그냥 더 박살을 내버리지."

"그리고 이순신 장군은 삼도수군통제사로 임명돼. 지금으로 따지면 해군참모총장이지. 해군의 수장! 이순신 장군은 전쟁이 장기화할 것을 우려하여 군사들을 경작에 참여시키고 군량을 확보하고 전라도 지역으로 오는 피난민들을 잘 보살폈지. 근데 이렇게 끝나면 좋을 텐데 그렇지 않아."

"불길하다…."

"그래, 이순신 장군에 막혀서 전쟁의 패색을 보이던 일본은 한가지 꾀를 내 작전을 일부러 흘리지. 우리가 곧 다시 쳐들어간다. 이순신 장군은 이게 작전인 것을 눈치챘지. 그러나 이순신과 사이가 좋지 않았던 원균은 이 기회를 노려 선조에게 이를 고해바치지. 선조 역시 이순신 장군이 별로 달갑지 않았어."

"아니, 왜? 이렇게 잘 싸우면서 왜군을 막아내고 있는데 상을 줘야지."

"음, 선조로서는 백성들이 이순신 장군을 너무 칭송하고 잘 따르니 일종에 샘이 났던 거야. 자기는 도망갔는데, 왕권이 흔들린다고 생각했겠지. 선조는 이순신 장군에서 출전을 명했으나 지금 출전하면 피해를 당할 수 있고, 이것은 명백히 왜놈들의 작전이므로 함부로 나서서는 안 된다며 이순신 장군이 거부해. 이에 선조는 이순신 장군을 잡아서 죽이라고 명령하지. 하지만 류성룡 등 신하들이 말리자 모든 직위를 박탈하고 병사로서 군대에 들어가는 백의종군을 명령한단다. 이때 이순신 장군이 백의종군하여 내려오다가 어머니가 돌아가셨다는 소식을 들어. 그야말로 이순신 장군의 마음은 찢어졌지."

"그냥 병사가 된 것도 억울한데 어머니까지 엄청 슬프겠다."

"그래, 그러셨을 거야. 자~ 이제 이순신이 없어진 일본은 이제 기세등등하여 쳐들어온단다. 임진왜란 후 일본은 잠깐 물러났다가 다시 쳐들어오는 데 이를 정유재란이라고 해. 이순신 장군이 물러나고 통제사가 된 원균은 그 많은 함선을 이끌고 출전했다가 칠천량에서 일본에 대패하면서 남아있는 함선은 거의 없었어. 그리고 일본은 기세를 몰아 그대로 올라오기 시작한단다."

"아, 그러길래 그냥 이순신이 있었으면 그럴 일도 없잖아."

"그래, 선조는 그 때서야 부랴부랴 이순신 장군을 다시 불러들여서 사과의 글과 함께 삼도수군통제사로 임명한단다. 이순신이 다시 임명되어 전투를 치르고자 살피니 함선이 겨우 대장선을 포함하여 13척이 있었어. 왜군은 133척의 대군을 이끌고 마침내 명량을 향해 진격해 온단다. 선조는 벌벌 떨었지. 이순신에게 막아낼 수 있겠느냐고 물었어. 이때 이순신 장군이 썼던 글이 유명하단다. '금신전선상유십이, 출사력거전즉유가위야'."

"뭔지 모르지만 멋있어!"

"신에게는 아직 12척의 배가 남아있습니다. 미천한 신이 살아있는 한 적은 감히 우리를 업신여기지 못할 것입니다. 죽음을 각오한 편지를 선조에게 올린 다음 군사들을 향해 외친단다. 필사즉생 필생즉사! 죽고자 하면 살 것이고 살고자 하면 반드시 죽을 것이니 죽고자 싸워라!"

"아~ 감동적이야. 눈물 날 것 같아~"

"이순신 장군은 12척으로 물살이 휘몰아치는 울돌목에 배들을 일자로 늘어세워 길을 막고 대장선 1대만으로 133대와 격전을 벌인단다.

"1대? 정말?"

"응, 단 1대로 133척의 전함과 싸우는 거지. 나중에 이 전투를 다룬 영화를 보여 줄게. 이 역사적인 전쟁을 보고 외국 사람들은 거짓말이라고 하는 사람들도 있어. 그만큼 믿기 힘든 전쟁이지. 이순신 장군은 아녀자들을 시켜 강강술래를 돌게 하고 난파선들을 군선으로 위장시켜 포진시킨 다음 기동력이 빠른 왜군들의 배를 울돌목의 소용돌이 치는 곳으로 유인하여 발을 묶고 대파한단다. 이 전투에서 이순신 장군은 단 1척으로 30척이 넘는 왜군의 군선을 침몰시키고 물러나게 만들지."

"우와!"

"일본군은 육지 진주성 전투에서 갈 길을 잃어버리고 바다에서는 이순신 장군이 막아서자 더 이상 나아갈 방법이 없어졌어. 게다가 일본 대장 도요토미가 죽자 일본은 우리나라에서 완전히 퇴각한단다. 하지만 이순신 장군은 이대로 왜놈들을 보낼 수 없다고 하여 이들을 쫓아가. 이게 이순신 장군의 마지막 전투 노량해전이란다. 노량해전에서 이순신 장군은 도망가는 적군을 쫓다가 적군이 쏜 총을 맞고 전사한단다. 이순신 장군은 죽으면서까지 전투가 한창이니 혹시 본인의 죽음이 알려지면 병사들이 당황할까 봐 본인의 죽음을 알리지 말고 마지막까지 전투를 시행하라고 말하고 그 자리에서 즉사했어. 마지막까지 나라의 안위를 걱정했던 거야."

"아~ 정말 마지막까지…."

"그래, 정말 대단한 성웅이지. 혹자는 영국의 넬슨 제독과 이순신 장군과 비견되는 인물이라고 이야기하지만 아빠 생각에는 절대 아니야."

"넬슨 제독은 누군데?"

"프랑스와 에스파냐의 연합 군대를 물리친 대단한 장군이지. 하지만 이순신 장군에 비할 바는 아니라고 생각해. 넬슨 제독은 국가의 지원을 많이 받은 사람이었지만 이순신 장군은 선조의 미움을 받았고 개인적으로 불행한 일도 많이 겪었지. 그가 한 싸움에서 우리가 일본에 우세한 전력을 가졌던 적이 단 한 번도 없어. 늘 불리한 싸움에서 단 한 번도 패하지 않은 불세출의 영웅이야. 실제로 세계의 여러 사람이 이순신을 평가할 때 그렇게 하고 있어."

"어떤 평가인데?"

"일본해군 제독 중에 토고 헤이하찌로 라는 사람이 있는데 그 사람은 '나를 넬슨에 비교하는 것은 바르다고 생각이 드나 감히 이순신에 비교하는 것은 맞지 않는다.' 라고 이야기했고. 다른 군인인 사토 데쯔라도는 '넬슨과 이순신을 비교하는 것은 말도 안 된다고 하면서 인격, 전술 전략 등 모두 이순신이 앞서며 세상 어디에도 짝을 찾을 수 없는 절세의 명장'이라고 했어. 물론 서양인들은 넬슨 제독을 서양의 영웅, 이순신 장군을 동양의 영웅으로 칭하지만 실제 이순신 장군을 겪어본 일본인들의 평가를 보면 얼마나 대단한 존재였는가 알 수 있지. 그리고 약 600년이 지난

이 시점에서도 이순신 장군의 전략을 현대의 군대가 배우고 있단다."

"우와~ 지금 군대가 배우고 있다고?"

"응~ 그만큼 그의 전술은 대단한 것이라는 거지. 이순신 장군은 단순한 영웅이라고 불리는 것이 아니라 성웅이라고 불려. 이 성웅이라는 것은 성스러운 영웅. 즉, 누구도 이 사람을 욕되게 할 수 없는 신과 가까운 존재로 여긴단다."

"정말 대단하신 분이구나."

"그래, 여기 어때? 바다에서 이순신 장군의 고함소리가 들려오는 거 같지 않아? 전군~ 진격하라!"

"그런 거 같아. 전군~ 진격하라!"

날씨도 좋고 바람도 좋았다. 바다는 고요했지만 너무나 든든해 보였다. 아마도 이순신장군의 넋을 이어받은 우리 해군이 바다를 지키고 있기 때문이 아닌가 생각 들었다. 그렇게 우리의 통영여행은 마무리되고 있었다.

광대놀이

"아빠, 아빠!"

방에서 놀고 있던 딸아이가 큰소리로 나를 불렀다. 방으로 들어가 보니 방은 온통 난장판이었고, 딸은 광대분장을 하고 있었다. 사실 딸은 화장한 것이라 우겼지만 내가 볼 때는 그야말로 충격적인 모습이었다.

"흐익~ 이게 다 뭐냐~?"

"나 어때? 멋지지?"

씨익 웃는 딸의 모습이 어쩐지 기괴하기까지 했지만 대충 그렇다고 대답하고 씻으러 가자고 꼬드겼다.

"싫어~ 엄마 좀 보여주고."

방에서 공부하고 있는 엄마에게 보여주면 혼날 것 같아 아이를 얼른 목욕탕으로 데리고 들어갔다.

"대신에 아빠가 목욕하면서 재미있는 이야기 해줄게. 광대에 관한 역사 이야기. 그리고 나오면 엄마 몰래 사탕도 하나 먹자."

"앗싸~ 좋아~"

나는 딸아이를 씻기기 위하여 욕조에 물을 받았고 딸이 욕조에서 노는 동안 이야기를 들려주기 시작했다.

"서안아, 광해를 다룬 영화가 있지. 그 영화에는 광대가 임금을 대신해서 임금행세를 하는 내용인데 꽤 재미있는 영화이지."

"나는 못 보는 거야?"

"응, 나중에 15살이 되면 아빠가 보여줄게."

"그럼 내용이라도 알려줘 봐."

"그래, 이야기해보자. 이 광해라는 이야기는 광해군에 관한 이야기야."

"나 알아, 광해군 우리나라에 왕 중에 군이 2명 있다고 했잖아 그중에 광해군 임진왜란 때 선조를 대신해서 백성들을 돌본 그 왕자?"

"우와~ 대단하다. 너 그거 다 기억하고 있었네~ 기분 좋다. 사탕 2개 줄게."

"앗싸~ 근데 아빠 백성을 그렇게 잘 돌본 사람인데 또 연산군처럼 변한 거야?"

"아~ 그건 아니야. 광해는 같은 군이라고 해도 좀 다른 이야기지. 사실 뛰어난 왕이였다고 생각이 들어. 이 광해에 대한 평가는 사람마다 차이가 있어. 일단 아빠는 아빠가 생각하는 광해라는 군주에 대하여 설명할 테니 서안이는 다음에 광해군에 대해서 알아보고 서안이가 따로 판단해."

"응~ 알았어."

"서안이가 알고 있는 것처럼 광해는 선조의 아들이고 선조를 대신하여 임진왜란 때 무척이나 많은 공을 세우는 인물이지. 아빠는 임진왜란 때 광해군이 없었다면 아마 육지에서는 우리가 대패하지 않았을까 생각도 해. 그만큼 광해군의 공이 컸단다. 그리고 백성들도 이 광해군을 좋아했지."

"음~ 선조를 대신해서 일본군을 무찌르고 다녔구나."

"맞아. 자~ 그런데 광해군이 쉽게 왕자리에 오른 것은 아니야."

"왜? 왕자였다며?"

"그렇긴 한데 1왕자는 아니었고, 제2 왕자로 선조가 피난 가면서 급하게 세자로 책봉한 사람이지. 그리고 그 후에 선조와 인목왕후 사이에서 아들이 태어나자 선조는 그 아들을 세자로 삼고자 했어. 선조는 광해를 좋아하지 않았거든. 선조가 얼마 못살 것 같은 모습이 있자. 신하들은 둘로 나눠서 싸우기 시작했어. 광해를 왕으로 해야 한다고 주장하는 대북파, 그리고 영창대군을 왕으로 해야 한다고 주장하는 소북파 또 편 갈라서 싸우기 시작한 거지."

"임진왜란 때 그렇게 당해 놓고 또 난리야?"

"뭐, 늘 그렇지. 어휴~ 어쨌든 선조가 죽으면서 광해를 왕으로 하라는 교지를 내리는데 그 교지를 소북파 사람들이 감추는 일이 발생해. 대북파 사람들이 그 교지를 발견하게 되고 결국 광해는 왕으로 오른단다. 그런데 왕으로 오르면서 어째야겠어?"

"왕 되면~ 왕권 강화~" 이제 아주 자연스럽게 이야기가 나오는 듯했다.

"그렇지~소북파 일원들을 숙청한단다. 광해는 사실 임진왜란을 겪은 사람이기 때문에 당쟁을 좋아하지 않았어. 왕이 되고 나서 당쟁을 줄이려고 하였으나 대북파가 번번이 끼어들었어. 게다가 자신을 왕으로 만들어 준 신하들이라 함부로 대하지도 못했지. 이 대북파는 정권을 잡으며 이런저런 간섭을 많이 한단다. 그런데 일이 벌어지지."

"어떤 일?"

"옛날에는 왕이 되면 명나라 그러니까 중국에 허락을 받아야 했거든. 광해군이 명나라에 왕으로 인정해달라는 교서를 보냈으나 명나라에서는 너의 형 임해군이 있는데 왜 네가 왕이 되느냐고 이야기했지. 광해군은 왕권을 지키기 위하여 임해군이 미친 척하게 만들어 왕권을 유지하였단다. 그리고는 임해군을 교동으로 유배해 버렸어."

"자기 친형인데?"

"그래, 그리고 나중에 임해군을 죽이지. 또한, 영창대군의 어머니인 인목왕후의 아버지 김제남이 역모를 꾀했다는 죄로 김제남을 처형하고 영창대군을 유배했다가 마찬가지로 다음에 처형해. 그리고 영창대군을 처형한 때부터 대북파의 인원들과 힘을 모아 인목왕후를 폐비. 즉, 궁궐에서 쫓아내지."

"광해군도 나쁜 일을 많이 했네…"

"음…. 그렇다고 볼 수 있지. 근데, 아빠 생각에는 그래 이 모든 일이 과연 광해 혼자서 한 일일까? 연산군처럼? 어쩌면 휩쓸렸다고 보는 편이 더 맞지 않나 생각이 들어. 자신의 왕권을 위협하는 적들을 제거하는 일이잖아."

"맞아, 그럼 조카 죽이고 왕된 세조나 형제들 죽이고 왕 된 태종은?"

"그래~ 왕권에 도전하는 정적들을 숙청하고자 한 게 아닌가 생각이 들지. 그리고 이 모든 것들이 당쟁에 휩쓸려 발생했다고 보는 게 더 맞을 것 같다는 생각이 들어."

"근데 아빠 중국은 맨날 그렇게 끼어들어? 왕이 되는데 허락 맡아야 하고."

"좀 그렇지? 이제 광해군이 중국과 어떻게 지냈는지 한번 보자. 이때 중국은 명나라였는데 사실 임진왜란 이후로 명나라도 군세가 약해졌어. 그때 후금이라는 나라가 세워졌지. 후금은 명나라를 공격하기 시작한단다. 명나라는 우리나라에 '야! 빨리 군사 보내~' 라고 명령하지. 근데 광해군이 가만히 보니까 명나라가 질 것 같아. 그리고 괜히 우리 백성들만 다칠 것 같았지. 며칠을 고심하던 광해군은 군사를 보내면서 '후방에 있다가 명나라가 위험하다 싶으면 후금한테 덤비지 마!' 라고 이야기해. 생각대로 후금이 이겼지. 후금은 조선에 너희들 명나라 편에서 군사 보냈잖아 하면서 따졌지. 광해는 '그게 아니라 안 보내면 우리부터 공격한다는데 어찌합니까? 대신에 우리는 후금과 싸우지는 않았어요' 하면서 위기를 넘겨 말 그대로 중립 외교. 중간에서 줄타기를 한 거지. 이쪽저쪽에도 할 말이 있으니. 다들 '어… 그렇구나.' 하고 넘어가게 되지."

"와~ 머리 좋다."

"그치? 사실 광해군은 이런 일을 아주 잘했어. 여러 가지 책을 많이 편찬하고 토지제도를 개편하고 세금을 거둬 왕실복원에 힘썼지. 이때 동양

최고의 의술서 '동의보감'이 편찬되고 홍길동전 같은 소설이 나왔지. 너도 홍길동전 읽어 보았지?"

"응. 근데 홍길동전 읽어 보면 나쁜 탐관오리들이 많아."

"맞아, 광해군 옆에 붙어 있던 대북파들이 권력을 남용하고 관직을 사고팔고 백성들의 고혈을 빨아 댔지. 그러니 백성들도 점점 왕을 좋지 않게 보겠지?"

"그런 것 같아. 왕이 좀 더 그 사람들을 혼내면 되잖아."

"야~~~아빠 와~~~ 소름~~~아빠 생각도 그래 태종이나 세조가 그 무서운 일에도 불구하고 왕으로 인정받은 것은 그들이 강력한 카리스마로 정국을 휘어잡고 감히 신하들이 왕의 말을 무시하지 못했다는 것에 있을 거라고 봐. 그런 의미에서는 광해가 카리스마가 약하지 않았나 생각이 든단다."

"근데 아빠 왕이 되었는데 왜 군으로 남았어?"

"음…. 매일 괄시를 받던 소북파 서인 세력들 가만히 있었을까?"

"그렇구나. 대충 이해가 가."

"그래, 이괄 이라는 사람이 주축이 되어 서인 일파가 난을 일으키지 광해군 15년 되던 해에 2,000명의 군사를 이끌고 궁궐로 쳐들어간단다. 미리 이야기된 훈련대장은 궁궐의 문을 열어주지. 그리고 도망가는 광해군을 쫓는단다. 광해군은 내시의 등에 업혀 도망을 갔으나 곧 잡히지. 그리고 능양군을 왕으로 세움으로써 인조가 탄생한단다. 이를 인조반정이라고 해."

"능양군은 누구야?"

"선조의 다섯째 왕자의 아들이야. 광해군에게는 조카라고 할 수 있지. 대북파가 광해의 정적을 숙청할 당시 능창군도 죽였는데 그의 동생이야."

"그렇구나. 근데 들어보면 군으로 할 만큼은 아닌 것 같은데 연산군처럼 그런 사람도 아니잖아?"

"그렇지. 하지만 역사는 광해를 왕으로 인정하지 않아. 실리, 중립 외교를 펼친 왕. 그리고 수많은 정쟁 속에 고통을 받은 왕이지만 자신의 정적을 해치면서 어머니와 형제를 유폐하고 죽였으며 명을 배신하고 금과 친하게 지냈다는 이유를 들어 광해는 파렴치한으로 여긴단다. "

"그건 좀 아닌 거 같아."

"자~ 그런 생각을 해볼 일은 아빠가 서안이에게 내주는 숙제. 이제 여기까지 마무리하고 사탕 먹으러 가자~"

"앗싸~ 2개. 오늘 것도 외워서 다음에 이야기해야지."

"그래."

광해에 관한 판단은 사람마다 다를 수 있고 또한 아이에게 의견을 심어 줄 때는 아니라고 생각했다. 현재에 와서 광해에 대한 평가가 많이 달라지고 있으나 아직 군으로 남아있는 비운의 왕에 대하여 다시 한번 생각해 볼 필요성이 있었다.

백숙은 언제나 맛있어

"왕 할머니~ 할아버지~"

딸과 함께 처가의 할머니가 계시는 산성으로 방문했다. 그곳에는 장모님의 어머님이신 할머니께서 장사하시고 계시는 곳이었고, 더없이 맑은 공기와 맛있는 음식이 있는 곳이라 갈 때면 늘 기분이 좋았다.

"어서 오너라. 오느라 고생 많았다."

기분 좋게 맞이하여 주시는 할머니의 손길에 저절로 웃음이 났고 일을 도와주는 사촌 처남과 처남댁 그리고 조카 녀석들의 애교에 시간 가는 줄 몰랐다.

얼추 밥을 먹고 이리저리 산책하러 조카들과 딸을 데리고 숲길을 걸어갔다.

"아빠, 이 산성에 돌담들은 왜 세운 거야?"

딸아이가 내게 물었다.

"응~ 말 그대로 산성이라는 것은 산에 있는 성이라는 뜻이야. 적군이 오는 길을 손쉽게 막고 중간중간에 군사를 배치해서 정찰하려던 목적도 있지. 그러려면 돌담을 이렇게 튼튼히 세워야겠지?"

"근데 그렇게 전투를 벌일 수 있게 만들어지진 않은 것 같은데? 그렇지 않아요? 고모부?" 큰 조카가 궁금한지 고개를 가웃거리며 물었다.

"그건 우리 민이가 모르는 소리지. 남한산성 같은 곳은 성채가 아주 높고 가파르고 또 전쟁을 치르기 좋은 곳이야. 병자호란이 일어났을 때 인조가 그곳에서 숨어 있었지."

"그래? 아빠? 그럼 울 아빠는 왜 내 얼굴만 쳐다보고 있을까? 병자호란이 뭔지 안 가르쳐 주고?"

"그래그래~ 그럼 저쪽 산성으로 가서 한번 이야기해볼까?"

나는 조카들과 딸아이를 산성의 한 귀퉁이 돌에 올려 앉히고는 이야기를 이어갔다.

"병자호란~ 임진왜란처럼 병자년에 일어난 오랑캐들의 난리라고 해서 병자호란이라고 이름한단다. 때는 인조반정으로 광해군을 쫓아내고 인조가 왕이 되고 나서야. 이때의 중국에는 아직 명나라가 있긴 있었는데 힘이 없어질 때였어. 임진왜란의 여파로 군사력도 약해진 데다가 각종 민란에 나라는 그야말로 바람 앞에 등불 신세였지. 그런데 여진족이라고 하여 만주지역에서 유목 생활을 하던 애들이 드디어 국가를 만들고 후금이라는 나라가 힘이 강해진단다."

"아~ 그 광해군 때 명나라와 전쟁하던 나라? 근데 항상 그런 건 아닌데 중국이 참 복잡한 것 같아."

“그렇지. 나라가 크고 다양한 인종이 있다 보니, 나라가 그리 오랫동안 유지되지 못했어. 그러다 보니 왕조가 자주 변했지. 명나라는 오랫동안 조선을 간섭해왔어. 그런데 후금이 생기고 나서 국제적 분위기가 심상치 않자, 광해는 후금과 명과의 사이에서 중립을 지키는 외교를 펼쳤어. 저번에 아빠랑 목욕하면서 이야기해준 적 있지?”

“응, 그랬지. 광해군이 군대 보내면서 싸우지 말라고 했다고.”

“그래, 맞아. 근데 광해가 물러가고 나서 인조 때는 철저히 친명 배금 정책을 쓴단다. 민이와 지민이는 잘 모를 수도 있지만 지금부터 할 이야기는 앞이야기와는 큰 연관은 없으니 잘들어 봐.”

“네, 고모부.”

“그런데 친명 배금은 뭐에요?” 작은 조카 지민이가 물었다.

“응, 명과는 친하게 지내고 금은 배척한다. 이런 말인데 이게 답답한 일이지. 친하게 지내는 게 아니라 명에게는 아우로서 예를 다하고 금은 오랑캐니까 배척하자 이런 건데, 네가 생각하기에는 어때 보여?”

“아~ 진짜 그런 게 어디 있어. 다 같이 친하게 지내면 좋지.”

“친하게 지내는 게 아니라 명에게는 신하의 나라 아우의 나라로 그 밑에 들어가겠다는 이야기야. 말 그대로 대국에는 고개를 숙인다는 이야기지. 뭐~ 답답한 소리지만 어쨌든 이런 이유가 병자호란을 일으키게 되는 발단이 되게 돼. 광해군이 병자호란을 막았다면. 인조의 정책은 병자호란을 불러온 셈이지. 그런데 조선 내부에서 일이 하나 발생해.”

“무슨 일?”

“광해를 쫓아낸 인조반정이 성공하고 나면 성공시킨 사람들에서 상을 줘야겠지? 그런데 상주는 일하던 중에 이괄 이라는 사람이 정말 많은 공이 있음에도 불구하고 상을 주지 않았어. 이괄 은 화가 났겠지."

"어? 그…. 이방원하고 같은 상황이다."

"그래~ 비슷하다고 볼 수 있지. 그때 이방원은 왕자의 난을 일으키지? 이괄도 난을 일으킨단다. 물론 이괄의 난은 무사히 진압되어서 큰 문제가 없이 보였어. 하지만 문제는 이를 진압하는 과정에서 몇몇 사람들이 탈출했다는 데 있지. 탈출한 이괄 부하들은 후금에 가서 일러바쳐. '지금이 조선을 칠 절호의 기회입니다.'"

"어이없네… 자기 나라에~!"

큰 조카 민이가 흥분을 감추지 못하고 벌떡 일어났다.

"그래, 어이없지? 진정하고 민아. 어쨌든 이 말을 듣고 후금은 전쟁을 일으키지. 하지만 이것이 크게 문제가 되지는 않았어. 인조는 후금과 형제로 한다는 약속을 하고 후금은 그 약속을 한 후에 자기 나라로 돌아가. 자신들이 주장했던 친명 배금 정책에 모순을 보인 거란다."

"바로 전쟁이 일어난 것은 아니네?"

"맞아. 근데 이 금나라도 정상은 아니야. 명나라가 이제 서서히 기울면서 금나라는 청나라로 이름을 바꾸고 명나라를 완전히 무너뜨리기 전에 조선을 침범해. '명처럼 우리나라에 신하로서의 예를 다하라.' 하면서 말이야. 이게 바로 병자호란이란다."

"아~ 정말~ 지긋지긋하다."

"조정에서는 난리가 나지. 이조판서 최명길은 지금은 싸울 때가 아니라 우선 고개를 숙이고 나라를 보전한 다음 힘을 모아 싸우자고 주장했지. 이를 주화파라고 해. 그리고 예조판서 김상헌은 무슨 소리 절대 고개

숙일 수 없고 끝까지 항전해야 한다. 그러므로 명나라에 의리를 지켜야 한다고 주장하는 척화파가 팽팽히 대립했단다. 이렇게 우리끼리 싸우던 중에 전쟁은 바로 코앞으로 다가왔지. 이때 우리나라의 대장군은 임경업 장군이었는데 이 장군은 한양으로 내려갈 곳을 우려하여 백마산성에서 철벽 수비를 한단다. 그런데…"

"그런데?"

"우리가 간과한 것이 있었어. 청나라의 민족은 원래 유목 민족이고 험한 길에 익숙한 사람들이야. 그리고 말을 잘 타고 활을 잘 쏘는 민족이라, 굳이 굳건히 지키고 있는 성을 넘지 않고 왕을 잡는 생각으로 곧바로 우회하여 한양으로 치고 들어간단다. 실제로 임경업 장군은 싸워보지도 못했지."

"그럼 왕은 아무것도 못 하고 바로 잡힌 거야?"

"그건 아니고 예전 고려 때 몽골 군대가 쳐들어왔을 때 생각해봐. 왕이 어디로 피신했어?"

"강화도지~ 우리 놀러 갔던 곳."

"그렇지. 왕은 강화도로 피신하려고 준비 중이었지. 먼저 가족들을 강화도로 피신을 시키고 본인도 나서려고 하는 찰나 소식이 들려왔어. 청나라가 바보가 아니거든 예전에 기록을 본인들도 알고 있었고, 본인들이 바닷길에 약하다는 것을 잘 파악하고 있었기 때문에 미리 강화도를 대비하려 했던 거야. 청나라 군대는 상인으로 변장하여 약 500명의 군사를 강화도로 먼저 보내놓아. 왕은 강화도로도 못 들어가지. 인조는 신하들을 이끌고 남한산성으로 피신한단다. 그곳에서 성문을 걸어 잠그고 항전을 준비하지.”

“그래, 뭐 그럼 인조는 그래도 남한산성으로 들어갔는데 백성들은?”

“그러는 중에 백성들은 청나라 군사들에게 철저하게 유린당했어. 마구잡이로 죽고 마을은 불이 났으며, 여성들은 청나라 군대에 잡혀갔지. 이때를 묘사한 전래동화가 바로 박씨부인전이야. 얼마나 당했으면 그런 이야기를 만들어 내서 청나라 군대가 물러나길 바랐을까. 어쨌든 문을 걸어 잠근 남한산성도 그리 좋은 상태는 아니어서 군사는 1만이 조금 넘는 숫자에 군량은 50일 치 정도밖에는 없었지. 그래도 처음에는 그렇게 절망적이진 않았어. 우리나라는 천자총통을 앞세워서 청나라의 신무기를 박살 내버리고 많은 군사를 해치웠단다. 그런데 시간은 우리 편이 아니었어.”

“왜요?”

“식량이 없잖아. 이때가 한겨울이었거든 밖에서는 청나라 군사들이 겹겹이 포위하고 있어서 식량을 가져올 수 없었고.”

“그럼 안에서 농사지으면 되잖아.”

“겨울이잖아. 옛날에는 지금같이 비닐하우스가 있거나 하지 않아. 농사가 안되지. 설사 농사를 짓더라도 그 많은 인원을 먹일 양식을 빠른 시간에 만드는 것은 불가능해. 물론 몇 번의 작전을 펼쳐서 식량을 가져오려고 했지만, 모조리 실패하지. 결국, 성안에 군사들은 밖으로는 적들과 안으로는 배고픔과 싸움을 해야 했단다. 얼마나 절망적이었을까?”

“왕을 그렇다 치고 거기에 있던 군사들은 정말 절망적이었겠다…”

마음이 착한 작은 조카가 읊조리듯 이야기 했다.

"그래, 그러던 중 비보가 날아들어. 강화도로 도망가던 왕의 가족이 모두 잡혔다. 이렇게 말이야. 인조는 마침내 45일 만에 문을 열고 밖으로 나온단다. 그리고 항복을 선언하지."

"45일 만에?"

"그래, 비통하지. 우리나라가 대규모 전쟁을 치른 역사 중에 가장 짧은 2일 만에 한양을 점령당했고 가장 빠른 45일 만에 항복해."

"하…. 분하다…. 정말. 고모부 너무 분해요!"

"그래, 분한 이야기이지. 인조는 뼛속이 시리는 차가운 바람을 맞으며 얼어붙은 한강을 걸어서 건넌단다. 정말 비참하게, 그리고 청의 황제도 아닌, 겨우 대장군 앞에서 무릎을 꿇고 절을 하지. 삼배고구두례 세 번 절하고 아홉 번 머리를 땅에 찧는다는 것으로 신하의 나라를 선언하는 맹세의 행사야."

"아~~~ 정말 부끄럽고 화난다."

"그래, 그런데 이렇게 절을 하는데 청의 장군과 신하들은 인조에게 절을 똑바로 하지 않는다면서 화를 내. 인조는 머리를 얼음 바닥에 머리를 다시 찧어 댄단다. 그리고 이마가 깨져 피가 스며 나와 얼음을 붉게 물들였지. 엄청난 굴욕. 이 사건이 바로 삼전도의 굴욕이란다. 그리고 전쟁에 진 배상금과 공물, 척화파 대신들 그리고 아들인 소현세자 봉림대군을, 마지막으로 백성 20만 명을 청에다가 바친단다. 이게 무슨 굴욕이냐."

"병자호란은 정말 완전히 진 거네."

"그래, 그날 인조는 무슨 생각을 했을까? 광해군을 쫓아내고 왕이 된 것을 후회했을까? 아니면 중립 외교를 하여 나라를 지키는 것이 옳았는데 신하들에 휘둘려 금을 배척했던 것을 후회했을까? 아마 모두 후회로 얼룩지지 않았을까 생각이 드네."

"그럴 것 같아. 후회했을 것 같아."

"사실 바친 백성만 20만 명이고 억지로 끌려간 백성은 60만~80만 명 정도가 된다고 해. 죽은 사람까지 합하면 어마어마하게 더 많은 숫자고. 여담으로 나중에 청에 잡혀갔다가 고향으로 돌아오는 여성들이 있었는데, 그들을 환향녀라고 했어. 근데 이들이 돌아오면 사람들이 더러운 것이라며 마을에서 쫓아내고 욕을 하여 그 사람들은 스스로 목숨을 끊는 일이 많았다고 해."

"왜? 힘들게 돌아왔으면 안아주고 달래줘야지~!!"

"그러게, 청나라에서 더럽혀져서 돌아왔다고 여겼겠지. 그때의 생각이 그러했으니까. 어쨌든 우리의 조상들은 그렇게 이중의 아픔을 겪어야 했지. 그 이후로 소현세자가 돌아오고 하는 등의 일이 있는데…아니다. 그 이야기는 하지 않는 것이 좋을 것 같아."

"왜? 안 해줘?"

"응~ 그 이야기는 조금 더 크면 말해줄게. 아직은 이 병자호란의 이야기만 하는 게 좋을 것 같아."

"다음에 꼭 해줘?"

"그래요. 고모부 다음에는 꼭 해줘야 해요?"

"그래~ 이제 얼른 가자. 할머니 걱정하시겠다. 아까 외삼촌이 닭한마리 백숙한다고 했거든."

"앗싸~ 얼른 내려가자."

아빠는 나 얼마만큼 사랑해?

자식을 키우는 데는 늘 고민을 많이 하는 편이다. 나보다는 조금 더 나은 삶을 살았으면 하는 바람. 그보다 더 평생 행복해했으면 하는 바람이 언제나 마음 깊이 존재하는 것 같다. 그런 의미에서 영조와 사도세자의 이야기를 생각하면 가슴 아플 수밖에 없다. 역대 조선의 왕들이 수없이 많은 자식을 잃어갔겠지만, 자신의 손으로 자신의 아들을 가두어야 했던 영조의 비통한 심상과 뒤주에 가두어져서 8일을 보내야 했던 세자의 그 시간은 비극적일 수밖에 없다. 당쟁에 휘말려 평생을 노력했던 왕, 아버지의 사랑을 받지 못한 안타까운 아들의 이야기는 비단 아이가 알아야 할 뿐 아니라 이 시대를 살고 있는 부모가 알아야 할 이야기가 될 것이다.

오랜만에 창가에 앉아서 책을 읽고 있었다. 베란다에서 따뜻하게 비치는 햇살을 받으며 아이가 자는 틈을 타서 사도세자의 이야기를 담은 책을 펼쳤다. 한참을 읽어 나가고 있던 때 딸이 일어나 눈을 비비며 밖으로 나왔다.

"아빠, 뭐해?"

"어~ 새벽 공기가 좋아서 일찍 일어난 김에 아빠 좋아하는 책 읽고 있었지~"

"무슨 책인데?"

"서안이가 알기에는 조금 무리인 듯한 책?"

"사도? 사도가 뭐야?"

"어~ 사도세자를 말하는 거야. 조선 역사를 통틀어 아빠가 생각하는 가장 비극적인 가족사가 아닌가 싶어."

"물어봐도 안 가르쳐 줄 거지?"

"흠……좀 고민이 되는데…. 좀…알기는 어렵지 않나…. 에잇 뭐~ 가르쳐 줄게. 어차피 이 또한 역사고, 다 알아듣지는 못할 테니 근데 좀 슬픈 이야기인데 너 전처럼 울라~"

"안 울어~"

"그럼 먼저 세수하고 쉬하고~ 물 먹고~ 유산균 먹고~ 아빠한테 와~~~"

"네, 아빠~"

딸아이는 일을 다 마치고 내 옆에 앉았다. 그리고는 나를 빤히 쳐다보았다. 나는 웃으며 말을 꺼냈다.

"딸 세종대왕님 기억하지?"

"응. 기억하지."

"그래~ 세종대왕님도 불행을 많이 달고 사셨지만, 이 영조도 개인적으로 아주 불행한 삶을 살았어. 그러나 조선 후기 우리나라의 부흥기를 이끈 두 왕 중에 한 명이야."

"두 명이 누군데?"

"지금 이야기해 줄 영조 그리고 그의 후사 정조지. 정조대왕의 이야기는 나중에 하고 영조의 이야기부터 해보자. 개인적으로 지극히 불행했지만, 역사적으로는 찬란히 빛나는 문화를 이끌었던 그 왕의 이야기를."

"오늘 아빠 어쩐지 잘 모르겠지만 촉촉하네."

"그래? 책에 빠져서 그런가 보다. 자, 조선 왕들 외워보시오~"

"태정태세문단세~ 예성연중인명선~ 광인효현숙경영~ 정순헌철고순~"

"잘했다~ 대단해~ 아빠가 지난번에 인조의 병자호란 이야기 해줬지. 그다음 왕들도 간단하게 이야기 해줄게. 일단 인조 다음 왕이 효종이야. 이 효종은 청나라에 볼모로 잡혀 있다가 돌아왔고 왕이 되고 청나라에 복수를 다짐하고 북벌을 준비해. 청과 한판 붙겠다는 거지. 그런데… 실패했어."

"왜?"

"일단 신하들이 반대했지. 표면적으로는 백성들의 삶이 힘들다는 것이었고 거기에 다른 의도가 있었는지는 알 수 없어. 효종은 즉위 내내 북벌을 추진했으나 갑자기 급사하셨어. 이유는 정확하지 않아. 효종이 승하하고 북벌론은 소멸하였어. 그다음 왕은 현종인데 이때부터 우리나라의 문제가 본격적으로 나와.

"무슨 문제인데?"

"예전에 아빠가 역대 왕들 설명하면서 당파 싸움이란 것을 말한 것이 있지? 선조 때는 동인과 서인 그러다가 대북파와 소북파 또 그러다가 이제 남인과 서인으로 편을 나누어서 싸웠어. 사실 서안이가 이 사람들의 계보가 어떤가는 알 필요까지는 없어 아직은. 그 당시의 신하들이 편을 나누어서 싸웠고 그 싸움이 나라의 힘을 잃게 만들었다고 보면 돼. 이 문제는 현종 때 심했지. 그리고 숙종에게 와서는 이 당파 싸움이 더 심해진단다. 노론과 소론의 싸움이지. 이제 이런 당파 싸움은 목숨을 걸어야 할 정도로 위험해져."

"근데 아빠, 다들 친하게 지내면 되지. 왜 그렇게 싸우는 거야?"

"사실 처음에는 생각의 차이었지. 하나의 정책을 두고 이 정책을 어떻게 하면 잘 이끌어나가서 서로에게 도움이 될 것인가? 어느 한 집단이 혼자 결정하면 잘못이 생길 수 있잖아. 서로 견제하고 토론하고 그러면서 해결책을 찾아내려고 했겠지. 이것이 정도전이 설계한 세상이었고, 그러나 점점 싸움이 격화되면서 자기들의 잇속만을 챙기는 형태로 변화가 된 거지."

"그럼 꼭 나쁜 것은 아니었네?"

"그렇지. 서로의 견제가 잘 된다면 아주 좋은 제도라고 볼 수 있어. 저번에 서안이가 물어봤듯이 뉴스에 나오는 여당, 야당 등이 있잖아? 노론 소론은 옛날 정당이라고 보면 돼. 절대 나쁜 게 아니지. 하지만 이것이 너무 편을 갈라 상대방을 헐뜯고 자기네 권력만 탐하게 되면 좋지 않은 결과를 가져오는 것이지."

"응~ 아빠가 저번에도 막 토론하는 게 나쁜 것은 아니라고 했어."

"맞아. 자~ 그럼 현종 때 당파 싸움이 심해졌고, 넘어가서 이제 숙종이지. 숙종에게는 여러 명의 부인이 있었어. 그 중 한 명은 엄청 유명한 장희빈 그리고 한 명은 무수리 출신의 숙빈 최씨였어. 그리고 두 여인은 각각 아들을 두는데 한 명이 경종, 그리고 한 명이 영조란다."

"그럼, 경종이랑 영조는 형제인 거야?"

"응, 엄마가 다른 형제라고 볼 수 있지. 근데 이 숙종이 변덕이 좀 심해. 처음에는 장희빈을 엄청나게 좋아했어. 게다가 장희빈이 아들까지 놓자 너무 기뻐서 바로 세자 자리에 올려놔. 근데 너무 급했어. 이때는 남인과 서인이 싸우고 있었는데 장희빈은 남인과 친했거든,"

"그럼 서인이 가만히 안 있겠다."

"그렇지. 서인은 앞으로 경종이 왕이 되면 권력을 잃을지 모른다고 생각해서 결사반대하지. 하지만 장희빈이라는 여자도 만만치 않은 사람이었어. 드라마로 유명하지. 장희빈은 총애를 받아서 왕비의 자리까지 올랐다가 서인 세력들에게 밀려서 왕비에서 쫓겨나지. 장희빈은 이대로 물러설 수 없다고 생각하고 노력을 하지만 숙빈 최씨가 아들 영조를 낳자 숙종도 더는 장희빈을 좋아하지 않았어. 게다가 장희빈이 숙종의 계비인 인현왕후가 죽도록 사당을 차리고 기도를 한 사실이 발각되어서 사약을 받고 죽게 되지. 경종은 어머니의 죽음에도 불구하고 왕자리에 올라서 잘 버텼는데 건강이 악화하여 왕위에 오른 지 4년 만에 죽고 만단다. 그리고 서인에서 갈라진 노론이라는 세력에 의하여 숙빈 최씨의 아들인 영조가 드디어 왕에 오르지."

"뭔 말인지 하나도 모르겠어. 뭐 남인 서인 싸우고 아내한테 사약 내리고 아들은 죽고~ 난리도 아니네."

"그래, 정신없지? 이렇게 정신없는 게 당파 싸움이야. 세력이 누가 더 큰가에 따라서 이 사람을 살렸다가 저 사람을 죽였다가. 어휴~ 다 잊어버리고 어쨌든 이런 정신없는 것을 다 보고 자란 영조의 마음이 어떻겠어?"

"나 같으면 다 싫을 것 같아."

"그래, 그렇겠지. 영조의 마음에 일찍 죽어버린 이복형 경종은 항상 마음에 아팠을 거야. 또 영조는 노론의 힘으로 왕이 되었어. 노론과 대립하는 소론에서는 가만히 있겠어?"

"또 뭐 난리 치겠는데?"

"그래, 소론의 이인좌라는 사람이 난을 일으켜. 이 난이 엄청나게 크게 일어나 겨우겨우 진압하여 잡혀 온 이인좌가 영조를 임금으로 인정하지 않았어. 게다가 천한 무수리의 핏줄로 진짜 숙종의 자식인지도 의심스럽다며 큰소리쳤지. 이 사건은 영조에게 정말 많은 상처를 준단다."

"왕한테 좀 심하다."

"그래, 그런데 영조는 생각을 달리해봐. 역시 왕의 재목이지. 그리고 마침내 탕평책을 펼친단다."

"아~ 책에서 봤어. 탕탕평평!"

"맞아, 영조 시절에 서인에서 분화된 노론과 소론이 서로 다퉜는데, 영조는 노론 소론 소북 남인 할 것 없이 고루 등용하고 서로의 세력을 잘 유지할 수 있도록 탕평책이라는 것을 펼치지. 강력한 왕권을 바탕으로 자신을 세워준 노론을 설득하여 이 정책을 추진한단다."

"오, 다 같이 손 잡고~ 맞아?"

"맞아. 게다가 영조는 세종대왕 다음으로 신하들과 소통을 많이 한 왕이었어. 늘 경전에 참여했고 신하들보다 본인이 많이 알아야 하기에 공부도 정말 많이 하셨단다. 무수리의 아들이라는 신분적인 약점을 극복하기 위하여 많이 노력했지. 또한, 백성들에게 세금을 적게 낼 수 있도록 균역법을 시행하였어, 형벌도 잔인한 것들은 없애고 양반들이 마음대로 백성을 벌하지 못하게 하였어. 그리고 법률을 고쳐 현시대에 맞게 수정했단다. 또 신문고 제도를 개편해서 백성들의 소리를 직접 듣고자 하였어."

"응~ 나 그거 알아 북 치면은 이야기 들어주는 거. 와~ 영조 대왕 엄청 좋은 일 많이 했다."

"그래~ 또한 영조는 매년 범람하는 청계천을 고쳐 백성들이 안심하고 살 수 있게 하였고 성리학이라는 고리타분한 학문에서 벗어나서 실생활에 필요한 실학을 인정함으로써 추후 실학이 기초가 안정되게 되는 결과를 가져온단다."

"와~ 아빠가 왜 두 명 중에 한 명이라는 줄 알겠다."

"응~ 그뿐만 아니지. 출판이나 인쇄술도 성행하게 되면서 여러 백성이 공부할 수 있게 되는 바탕이 돼. 영조의 조선은 그동안의 답답했던 어둠을 걷고 따뜻한 햇볕을 받기 시작한단다. 영조는 조선의 역대 왕 중에서 가장 오랫동안 왕 자리에 있었고 정말 많은 일을 한 왕 중에 한 명이라고 할 수 있지."

"영조도 백성들을 정말 사랑했구나."

"그래, 영조의 애민정신도 대단했지. 그런데 영조에게는 아픈 손가락이 있었어. 바로 사도세자!"

"영조의 아들이야?"

"그래, 영조의 아들이지. 사도세자의 이야기는 너무나도 말들이 많아서 일단 아는 정도만 이야기 해줄게. 사건의 발단은 이렇단다. 영조는 자신이 무수리의 아들이라는 것으로 너무 괴롭힘을 당했고 자신의 형 경종을 독살했다는 괴소문이 늘 괴롭혔지. 그러던 중 어느 날 나주라는 고을에 벽보가 붙는단다. 이런 괴소문을 다시 벽보를 작성해서 퍼뜨린 거지. 근데 이 벽보를 붙인 자를 조사해 보니 예전 소론 신하 중 한 명인 거야. 영조는 정말 극대노하였어. 20년 넘게 따라다니며 본인 괴롭히는 소문이 다시금 영조를 불 지펴 버린 거야. 영조는 불같이 화를 내면서 자신이 공표한 탕평책을 깨어버린단다. 소론을 모두 축출해버리겠다는 생각을 하게 된 거지. 노론은 이때를 놓치지 않았어. 노론은 영조를 등에 업고 소론을 차출하고자 하였으나 사도세자가 이를 반대했어."

"왜?"

"사도세자는 이 사건 등을 어느 정도 거리를 두고 조율을 해서 해결하려는 생각을 하고 있었단다. 세자는 그때 왕을 대신하여 직무를 수행하는 대리청정을 하고 있을 때였거든. 사실상 세자의 생각이 왕의 생각이었으니까. 노론은 고민하기 시작했어. 만약 세자가 왕이 되면 우리 노론은 사라지겠구나 하면서. 사실 세자 역시 노론과의 거리를 두면 소론과도 거리를 두면 좋았을 텐데 그렇지 않았어. 소론 남인 소북 등의 신하들과 친하게 지냈지. 자~ 어때 보여?"

"뭐야, 영조와 노론이 한편 세자와 소론이 한 편인 거야?"

"맞아. 왕과 노론, 세자와 소론 및 다른 일파들 편이 갈라지게 된 거야. 궁궐은 극도의 긴장감이 흘렀어. 그리고 노론 측이면서 영조의 왕비인 정순왕후가 세자가 이상한 짓을 많이 한다며 사사건건 영조에게 일러바쳤지. 또 세자도 이상했어. 옷을 입히던 궁녀를 갑자기 칼로 죽여 버리는가 하면 왕 몰래 궁궐을 나가 비행을 저지르는 등 이상한 행동을 하기 시작했어."

"왜 그랬지?"

"음, 이건 조금 있다가 이야기해보자. 일단 결과부터 이야기하고. 이어서 이야기하면 노론 일파는 영조에게 세자의 10개 죄목을 적어 상소한단다. 영조는 본인의 콤플렉스와 아들까지 이러한 상황이 되는 그것을 화로써 풀어버려. 세자를 잡아들이고 자결을 명하지."

"뭐? 아들에게 죽으라고?"

"그래, 그런데 세손 나중에 정조인데 세자의 아들이야. 세손이 만류하고 세자 역시 이를 시행하지 않자 세자자리를 박탈하고 일반 백성으로 만든 다음 쌀을 보관하는 뒤주에다가 가두어 버려 그리고 마침내 8일 만에 세자는 죽고 만단다. 그 죽음 이후의 시호가 사도야. 그래서 사도세자인 거지."

"아버지가 어떻게 아들을 그렇게 할 수 있어?"

"영조는 나중에 뼛속까지 후회했어. 너무나 슬퍼했지. 그리고 노론 일파가 반대함에도 불구하고 사도세자의 아들 정조를 왕으로 올린단다. 이

것으로라도 아들의 죽음을 달래려 했던 것 같아."

"하…. 정말…."

"영조는 아들을 사랑했어. 하지만 엄했지. 그리고 아들에게 한 번도 칭찬을 해준 적이 없었어. 그리고 늘 꾸짖기만 하였지. 자기 아들이 강하게 크길 원했을까 아니면 원래 인색한 사람이었을까? 이유가 무엇이든 간에 여러 신하의 압박, 아버지에게 받지 못한 사랑, 그리고 시시각각 다가오는 위험의 그림자 이런 것들이 복합적으로 사도세자를 지속해서 괴롭혔고 이에 정신병이 왔을 것이라고 조심스럽게 추측해 본단다. 원래는 영민한 사람이었거든. 결국, 숙종 때부터 있었던 당파 전쟁이 영조를 지속해서 괴롭혔고, 그 여파가 사도세자에게까지 오면서 이러한 정쟁에 휘말려 비극적인 일이 벌어지게 되는 거야."

"아빠, 아빠는 나 사랑해?"

"음~ 아빠는 서안이의 작은 움직임에도 놀라고 기뻐하지. 그러니까 사랑하는 거지?"

"그래~ 다행이다~"

"아빠가 읽고 있는 이 책은 사도세자가 뒤주에 갇혀서 죽기 직전까지 그동안 자기가 있었던 일들을 회상하는 책이야. 서글프고 안타깝지. 어쩐지 좀 우울하네."

"그러게. 좀 우울해."

"그러니까 둘 다 청승 그만 떨고 아침밥 먹어요~"

"그래, 밥 먹자~ 잊어버리고 밥 먹고 놀러 가자."

"앗싸~"

통닭통닭통닭~ 아~ 통닭 먹을 거라고~!!

사람의 난 자리는 항상 보인다는 말이 맞나 보다. 이미 안양을 떠나온 지 몇 해가 지났지만, 아직 자잘한 일들이 남아있어 오늘은 안양으로 향했다. 가는 김에 여행을 겸하여 아내와 아이도 같이 가기로 했다. 날씨는 상당히 좋았고 바람 한 점 없는 아주 맑은 날이었다. 안양의 일들은 대부분 아주 자잘한 일들이었기 때문에 순식간에 해결할 수 있었고 이런 일 때문에 먼 거리를 와야 했다는 것이 허무할 만큼 별것이 아니었다. 어느덧 점심때가 되어가고 있었다.

"여보~ 그래도 오랜만에 올라왔는데 맛있는 거 먹고 가자."

"그럴까? 여보는 뭐 먹고 싶은데?"

막 차에 타려던 딸이 대뜸 소리쳤다.

"난 통닭~!"

“응? 통닭? 점심인데? 굳이? 여기 맛있는 거 많은데?”

아내는 딸아이에게 되물었다. 누굴 닮아선지 딸아이의 고집도 보통이 아니라서 뾰로통한 얼굴로 연신 통닭을 외쳐 댔다.

“통닭~ 통닭~ 통닭~~~!!”

“그래~ 통닭 먹자.”

아내는 졌다는 듯이 고개를 설레설레 흔들었다. 나는 내심 실망한 아내와 통닭을 먹고 싶어 하는 아이를 보다가 문득 생각이 떠올랐다.

“여보, 그럼 우리 수원 가자. 내려가는 길이니까 오랜만에 들려서 수원 통닭먹자. 예전에 울 마누라 나보러 서울에 왔을 때 수원통닭 먹으러 돌아다녔잖아.”

“아? 그러면 되겠다. 여보, 고마워~.”

아내가 얼굴이 펴지는 것을 보며 나도 기분이 좋아졌다. 우리는 수원으로 가서 시장 공영주차장에 차를 세운 다음 예전에 가던 수원 통닭집으로 향했다.

“아, 좋다.”

“그래~ 좋네. 난 여기 오면 왠지 정조대왕의 숨결이 느껴져서 더 좋아. 저렇게 성도 있고.”

로터리를 돌아나가며 내가 이야기했다.

“응? 오~ 정조대왕? 사도세자의 아들~!!”

“어? 어떻게 알았어. 잠깐 스치듯이 알려줬는데?”

“아빠 말 듣고 나름 책 좀 봤지.”

“대단하다. 우리 딸 장하네~그럼, 네가 알고 있는 그것보다 더 많은 이야기를 좀 더 해줄까?"

"응!"

"보자~ 정조대왕의 어디부터 시작하는 게 좋을까~그래 이거부터 시작하자. 정조는 아주 개혁적인 군주였어. 조선을 통틀어 두 명의 천재 왕이 있다고 이야기하지. 한 명은 당연히 세종대왕 그리고 한 명은 정조대왕이지."

"우와~ 세종대왕과 비교되는 사람이야?"

"조선 전기의 최고 황금기가 세종대왕 시절이라면 조선 후기의 최고 황금기는 정조대왕 시절이니. 어쩌면 비교될 수도 있지 않을까?"

"대단하신 분이구나…."

"그래, 정조대왕의 아버지가 사도세자인 것은 서안이가 알 거고, 영조대왕은 정조를 왕으로 올리기 위하여 갖은 애를 썼어. 사도세자가 죽기 전 평민으로 내려버렸으니 공식적으로는 정조 역시 평민이지. 즉 죄인의 자식이야. 이건 왕이 되는 엄청난 걸림돌이거든. 하지만 영조는 정조를 자신이 죽기 직전까지 지켰고 영조가 승하하자 정조는 왕위에 오른단다. 왕이 되는 첫날 정조는 어떤 생각을 했을까? 아버지를 죽음으로 몰고 간 신하들이 모여 있는 그곳에서. 너 같으면 뭐라고 했을 것 같아?"

"복수해야지." 딸은 음흉하게 웃어 보였다.

"서안이 생각대로 일까? 정조는 왕이 된 첫날 단상에 올라 칼을 뽑으며 소리친단다. '나는 사도세자의 아들이다.' 사도세자를 죽음으로 몰고 간 노론 중신들은 벌벌 떨었어. 하지만 정조는 그들을 죽이거나 복수하지 않았어. 다시는 그런 일이 벌어지지 않게 할아버지의 탕평책을 이어

할아버지보다 더 강력한 탕평책을 추진한단다. 과연 제왕의 재목이라고 할 수 있지."

"우와~ 마음이 넓으신 분이구나."

"사람 마음이란 게 마음대로 되겠니? 앞으로의 개혁을 추진하기 위하여 참으셨겠지. 아무튼, 정조는 본격적인 개혁을 추진한단다. 먼저 청류라는 일파를 데리고 와서 노론을 견제하게 했어. 그리고 정국에 소외되어 있던 남인 세력은 물론 자신과 정치적 경쟁 관계에 있는 벽파라는 세력까지 끌어들여서 참된 탕평책을 펼쳤어. 또한, 규장각이라는 것을 설치해서 참된 인재를 키웠지. 이때 조선의 다빈치 정약용과 실학의 정통한 정약전 형제 그리고 발해의 역사를 되살린 희대의 문장가 유득공 선생까지 이러한 유수의 인재들이 발탁된단다."

"오~ 정약용 선생 나 들어봤어. 아빠가 예전에 삼미 이야기 해줬어."

"이야~ 그것도 기억하고 있었네. 맞아, 대단한 사람이지. 어쨌든 그 이야기는 따로 하고 정조대왕 이야기로 돌아와서 정조가 그렇게 사람들을 모으고 탕평책을 펼치는 유명한 이야기가 있어. 정조는 주위 사람들에게 편지를 자주 보냈는데 그중에 특히 편지를 많이 보내는 사람이 있었어. 그게 누구게?"

"정약용?"

"아니, 자신의 적 바로 벽파의 수장 심환지란다. 자그마치 6년 동안 300통 정도의 편지를 보내 의견을 묻고 서로 소통하는 시간을 많이 가졌지. 때로는 사적으로 때로는 공적으로 말이야. 이러한 정조의 행동이 자신과 대립하던 벽파까지 정계로 끌어들여서 모두 함께하고자 하는 대인

군자의 마음이라고 볼 수 있지 않겠니? 너 학교에서 너 싫어하는 애가 있으면 너도 마음을 닫아버리지?"

"응, 나 요즘 지영이랑 좋지 않아. 내가 말만 하면 무시하는 투고."

"그래, 정조대왕은 그러한 상대를 자기편으로 만들었어. 너도 지영이를 네 편으로 만들 생각을 해봐. 그게 진정한 어울림이지."

"음…. 생각 좀 해보고 아빠."

"아무튼 그렇게 자기편을 많이 만들었지만, 정조는 늘 상 불안했어. 자신을 인정하지 않는 세력이 많았고 그러다 보니 왕권이 불안정했지. 그래서 자신의 직속부대 장용영을 둔단다. 오직 왕의 말만 따르는 군대. 이 군대가 있으면 무서울 게 없겠지?"

"진짜 그렇겠다."

"그래~ 정조는 이렇게 만들어 놓고 본격적인 작업에 착수한단다. 바로 수원 화성 축조~!!"

"화성 축조?"

"우리 통닭 먹고 거기 구경 갔다가 가자 여보 괜찮지?"

"응~ 상관없어."

나는 통닭집에 들어와서 계속 이야기를 이어 갔다.

"서안아~ 그 이외에도 정조는 백성들을 잘 보살폈어. 옛날에는 사림이라고 해서 지방에 두는 일종에 공부하는 사람들의 모임? 정도인 곳이 있었어. 근데 이 사림이 벼슬아치들이 모여 있다 보니 백성들의 고혈을 쥐어짜는 수단이 되기도 하였어. 정조는 이 사림을 대폭 축소하였지. 그러는가 하면 기근이 들면 백성들에게 곡식을 풀어 구제하였지. 둔전을 설치해서 곡식을 저장해 두었다가 기근이 들었을 때 백성들에게 나누는 용도였지. 또한, 옛날 시장에는 아무나 장사하지 못하게 하는 금난전권이 있었는데 한 곳에 특권을 주고 조세를 걷는 방식이었지. 그러나 정조는 이것을 없애고 모두 장사를 하여 다 같이 잘 살 수 있게끔 조치했단다. 그리고 정조가 설치한 규장각에는 서얼 신분을 따지지 않았어. 그래서 서얼 중에서 대단한 사람들이 많이 등용되었지. 또 암행어사를 자주 파견하여 백성들이 어려움이 없게 하는 것도 정조는 망설이지 않았어."

"쩝쩝~~ 정조대왕은 좋은 일을 많이 하셨구나."

딸은 닭다리를 잡고 내 말을 듣고 있었다.

"맞아, 정조는 다른 왕과 다른 점이 있는데 백성들의 소리를 직접 듣고 그 일을 본인이 직접 해결해 줬다고 하는구나. 그게 자그마치 천 번이 넘는데, 왕이 직접 나서서 해결해 주는 일은 아주 극히 드문 일이지. 정조의 유명한 말이 있어. '백성들이 배부르면 나도 부르고 백성들이 배고프면 나도 고프다.' 진정한 애민을 실천한 왕이었어."

"아~ 대단하시다. 근데 이것 좀 먹고 나도 배고파."

"그래, 그래 일단 먹어라~"

우리는 통닭은 먹고 수원 화성으로 자리를 옮겼다.

"딸 어때? 대단하지?"

"우와 생각보다 되게 크네."

"그래 그리고 튼튼하게 생겼지. 정조는 왜 수원에 성을 짓고 그곳으로 도읍을 옮기려고 했을까?"

"예전에… 누구더라… 묘청? 맞나?"

“오~~~ 맞아, 맞아. 그래 원래 기득권을 가지고 있던 신하들을 장악하고자 서경으로 이동하려고 했지. 정조도 마찬가지야. 비슷한 이유지. 그런데 반대가 당연히 심했겠지?”

“그렇겠지?”

“정조는 명분을 만들었어. 옮겨야 하는 이유~! 바로 사도세자의 무덤을 이동한다는 거야. 아니~ 아버지 무덤 옮겨야 한다는데 반대할 사람이 있어? 없잖아?”

“그렇겠네.”

“그리고 본격적으로 화성 축조에 임하지. 이때 조선의 다빈치 정약용 선생의 거중기가 등장한단다. 지금의 기중기와 같은 원리인데 크고 무거운 돌을 쉽게 옮기는 일을 했지. 원래 성을 축조하면 백성들을 노역에 들이기 마련이거든? 근데 정조는 백성들에게 노역비를 줬어. 아주 파격적인 일이지. 그러니 온 나라 백성들이 벌 때처럼 몰려들어 게다가 거중기까지 있으니 원래 10년을 계획했던 화성 축조가 약 3년 만에 완성돼.”

“우와~”

“근데 백성들에게 노역비를 주려면 돈이 필요하잖아. 그 돈을 나라에서 쓰면 또 반대가 심하겠지? 그래서 정조는 수원으로 자주 행차를 해. 행차할 때마다 한강을 건너야 했는데, 이때 경강상인들에게 이야기해서 배다리를 만들라고 했지. 그리고 그들에게는 한강의 무역권을 선물로 줬단다. 상인들은 배를 만들고 무역권을 얻어서 이윤을 얻고 그 이윤의 일부를 정조의 계획에 보탰던 거지. 신하들도 화성을 만드는 것을 반대할 이유가 없었어. 뭐라고 하고 싶어도 반대를 할 수가 없었던 거지.”

“처처처처…, 천재다…”

“맞아, 이런 계획은 정말 정조다운 계획이었지. 철저하게 계산하고 확실하게 실행시킨 전략가였어. 그런데, 정조의 계획은 다 펴지도 못하고 꺾이게 돼.”

“왜?”

“정조는 갑작스럽게 죽음을 맞이한단다. 이 정조의 죽음에 대하여 예전에는 말이 정말 많았어. 암살을 당했다, 독살을 당했다 등등 그만큼 갑작스럽게 돌아가시기도 했고, 또한 실제로 정조 제위 초반에 노론의 한 신하가 군사 20명을 이끌고 몰래 잠입하여서 정조를 살해하려고 했지만. 호위무사에게 발각되어서 실패하는 사건이 벌어져. 그러니 정조의 죽음에 대하여는 말이 많을 수밖에 없지. 그러나 지금 현재의 조사로는 정조는 그간의 쌓인 피로와 계속된 과로 그리고 지병으로 인하여 급작스러운 죽음을 맞이하였다는 것이 정설이야. 갑작스러운 정조의 죽음 이후 우리나라는 크게 쇠퇴했어. 그리고 세도정치라는 무서운 정치가 시작되고 나라는 크게 흔들렸지.”

“안타깝다.”

“그래, 정조대왕은 정말 인간적인 왕이었어. 백성들의 말을 잘 들어주고 술과 담배를 즐길 정도로 소탈했으며, 편지에도 한글과 한자를 자유롭게 쓰는 등 형식 없이 자유롭게 행동했어. 한 명의 백성도 고통받지 않게 하려고 갖은 노력하셨지. 천주교도 이때 우리나라에 들어왔는데, 유교적 사상과 완전히 반대되는 종교였음에도 그것을 빌미로 사람을 죽이거나 하지 않아. 그만큼 열린 생각을 하신 분이었지. 조선 초기의 세종대왕 그리고 조선 후기 정조대왕의 애민정신은 지금 이 시대의 정치인들이 반드시 본받아야 할 거야."

"그렇구나. 아빠, 정조대왕의 이름은 뭐야?"

"응, 이산~! 우리가 영원히 기억해야 할 이름이지."

"아~ 이산, 이도… 이름이 왠지 따뜻하다. 나 거중기도 알고 싶어 이 큰 돌을 어떻게 옮겼는지."

나는 스마트폰을 열어 거중기를 찾아서 보여주며 그 원리를 설명했고 딸은 눈이 휘둥그레 했다. 정약용 선생의 거중기가 얼마나 수학적인 기계였는지. 이때 3차 방정식 등이 사용되었다는 사실과 실학이 어떤 것인지. 정조의 죽음 이후 정약용과 정약전 형제는 물론 정조가 아끼던 중신들의 유배 등을 다 설명하고 싶었지만, 그것은 아이가 나중에 스스로 찾아볼 수 있게 놔두었다. 집으로 향하던 중 어느덧 해가 넘어가는 노을에서 나는 정조대왕의 따뜻한 미소를 볼 수 있었다.

민속품 만들기 숙제

"아빠."

방에서 놀고 있던 딸은 나에게 달려와서 무언 가를 내밀었다.

"이게 뭐야?"

"민속품 만들기 숙제인데, 잘 안 만들어져. 숙제 안 하고 싶어."

속으로 '아직 1학년은 1학년인가 보다 아직 어리구나'고 여기면서도 한편으로는 무엇인가를 끝까지 하는 성격을 만들기 위해서 조금 도와줄 필요는 있다고 생각했다.

"아빠가 도와줄게. 방으로 가 보자."

"여기 틀은 있네, 종이를 이어서 붙이고 색칠만 하면 되겠는데?"

"근데 이게 여기 주름이 많아서 종이도 잘 안 붙고 색칠도 안 돼. 왜 이렇게 탈이 이상하게 생긴 거야." 손에 든 물건은 안동 하회탈이었다.

"안동 하회탈은 고려 때부터 전해진 것으로 알고 있는데, 이게 그때의 사람들의 생활상을 보여주는 것이다 보니 사람의 얼굴을 잘 표현하려고 하였겠지. 아빠가 잡아줄게. 한번 해보자."

딸아이는 덧칠한 종이를 가지고 와서 이리저리 붙여보았다.

"아빠, 근데 탈이 왜 생활을 닮고 있어?"

"음~ 탈이란 게 원래 공연을 하기 위한 가면이잖아. 그러니까 이야기를 만들어 공연을 할 거고 그 이야기는 그 시대에 이야기가 되겠지. 그러니 생활을 담고 있다 이렇게 표현하는 거지."

"그럼, 그때 사람들은 이렇게 웃고 있었던 건가?"

"글쎄, 음…. 이 탈은 그중에 한 개니까. 안동 김씨 일족이었다면 웃을 수 있겠지만 나머지 백성들은 힘들었겠지만…."

"응? 그건 무슨 말이야?"

"세도정치 이야기야. 조선 후기 정조대왕이 승하하신 후에 세도정치가 열리기 시작했어. 이 세도정치가 나라를 망치고 결국 조선을 무너뜨렸고 마지막으로 일본에 나라를 빼앗기는 정말 어처구니없는 일까지 만든 거지."

"그래? 세도정치? 그게 뭔데?"

"어째, 이야기가 다른 데로 새긴 하는데 뭐 말 나온 김에 세도정치 이야기해볼까?"

"무서운 거야?"

"아니, 화나는 거야."

"자, 정조대왕이 승하하고 난 후 어떤 왕이 올랐어? 외워보시오~."

"딱 정순~순이네 순종? 순조?"

"순조가 맞아. 음, 순조는 아주 어린 나이에 세자자리에 올랐어. 겨우 11살에 왕위에 오른단다. 사실 세자가 되는 것도 갑자기 되었고 왕위도 갑자기 올랐어."

"11살이면… 나 1학년이니까…. 4학년?"

"그래 겨우 초등학교 4학년이지. 뭐 알겠어? 초등학교 4학년이? 그냥 엄마, 아빠 따라다니면서 공부할 때인데 덜컥 왕자 리에 오른 거야. 그러니 정치를 할 수가 없었지. 그때 할머니가 나타난단다. 바로 정순왕후~! 바로 영조의 부인이란다. 정순왕후는 11살인 순조를 대신하여 정치하기 시작하지. 근데, 정치해야지. 그냥 본인 집안의 사람들 벼슬 주고 집안 사람들 돈 주고 땅 주고 이런 짓들만 했지. 그 성씨가 바로 경주 김 씨였단다. 이 일을 4년 동안 했지. 15살이 되어서 순조가 직접 정치를 할 수 있게 되자, 순조는 정순왕후를 물러나게 했단다. 순조도 결단을 했던 것이지. 그런데 이번에는 순조의 장인이 문제였지. '김조순' 안동 김 씨지. 김조순과 외가 식구들은 정권을 장악하고 정국을 마음대로 휘젓기 시작한단다. 이때 그런 말이 나와 나는 새로 떨어뜨리는 안동 김씨의 권력~!"

"헐, 그럼 왕은 뭐해?"

"왕은…. 참 순조를 생각하면 안타깝다. 순조가 태어날 때 용꿈을 정말 많이 꾸었고 순조가 엄청 영특했어. 그래서 정조의 사랑을 많이 받았지. 어린 나이에 왕이 되어 갖은 고생을 했고 이 세도정치를 없애려고 하였으나 끝내 이루지 못하지. 아무튼, 이제 세도정치가 시작된단다. 이제 요거 뒷면 색칠하면서 아빠가 세도정치가 어떤 것인지. 백성들이 얼마나 힘들었을지 알려줄게."

"아빠, 거기 좀 잘 잡아줘~"

"으응, 이제 말할까?"

"응~ 이거 하면서 아빠 이야기 들으니까 더 잘되는 것 같아 해줘~"

"원래 세도정치라는 것은 아주 좋은 말이야. 사람의 도리를 깨우쳐 널리 사회를 교화시킨다. 아주 좋은 말이지. 근데 이게 변질되어서 특정 집단이 권력을 독점하여 마음대로 권세를 부리는 형태로 바뀌었어. 처음에는 안동 김씨가 완전한 권세를 뻗쳤지. 그러던 중에 순조가 승하하고 헌종이 왕위에 오르자 헌종의 어머니였던 신정왕후 풍양조씨가 득세하기 시작했어. 그리고 그 이후 철종 때는 철종의 장인인 김문근 즉 안동 김 씨가 또다시 정권을 휘어잡지. 약 60년간의 이 어이없는 형태는 백성들의 고혈을 빨아먹는단다. 순조는 이를 타개하기 위하여 정말 많은 노력을 하였지. 그러나 정조가 죽고 난 후 정순왕후는 천주교를 믿는 자들을 모두 죽이거나 귀양 보내 버려. 그러므로서 정말 충신이었던 이들 정약용, 정약전 이승훈, 이가환, 채제공 등은 모두 귀양 가버리고 다른 이들은 죽임을 당했단다. 이를 신유박해라고 해. 그러니 순조는 주위에 자기 편이 없었지. 그래서 힘을 발휘하지 못했단다."

"그럼 순조는 그런 거 모두 물리치고 싶었는데 할머니가 순조주위에 있는 사람들을 모두 쫓아냈다 이거지?"

"대략 잘 이해했어. 똑똑한데? 그럼 얼마나 심하게 굴었는지 한번 보자. 우선 과거제도는 더 이상 효용이 없어졌어. 각 세도가의 자식들이 공부 안 해도 그냥 뽑히고, 벼슬은 돈 주고 살 수 있었어. 돈만 주면 무조건

살 수 있었지. 그러면 돈을 주고 벼슬을 산 사람은 어떨까? 돈을 들였으니 다시 벌어야지? 그럼 그 돈은 어디서 나와?"

"백성들이네. 옛날에 동화책에서 본 거 같아 양반이 되고 싶은 김 서방인가?"

"그렇지. 돈을 주고 벼슬을 산 사람들은 이런 구실 저런 구실 만들어서 각종 세금을 부과하여 백성들만 쥐어짜는 거야. 그중 삼정의 문란이라는 말이 생겼나."

"삼정의 문란?"

"응, 이 시대에도 세금이 있거든. 서안이가 저번에 물었지? 왜 국가에다가도 돈을 내는 거냐고 그래서 아빠가 세금에 대해서 가르쳐 줬지?"

"맞아, 아빠가 옛날에도 세금 제도가 있다고 했어."

"그래, 그중에 대표적인 것이 전정, 군포, 환곡이라고 해. 전정은 땅을 가지고 있는 사람들이 그 땅에서 농사를 지으면 일부분 쌀을 나라에다가 내는 거야. 군포는 군대에 가지 않는 대신 내는 세금, 환곡은 나라에서 곡식을 빌려주었다가 갚게 하는 제도지. 사실 다 필요한 것들이야. 근데 땅을 가진 사람에게는 엄청나게 과도한 쌀을 빼앗아갔어. 그러니 땅을 가지고 있어 농사를 지어도 남는 게 없지. 군포는 더 심해. 원래 군포를 내지 않는 어린아이와 노인들까지 군포를 매겨서 내라고 했지. 게다가 일부러 쌀을 잔뜩 빌려주고는 이자를 부쳐서 몇 배를 다시 가지고 오는 환곡까지. 백성들의 고충은 이루 말할 수 없었어. 돈을 안 내면 잡아가고 죽이고 고문하고 정말…. 어이없는 정치였지. 불과 몇 년 전의 정조대왕의 조선은 확 사라져 버렸단다."

"와, 진짜 심하네."

"그래, 이건 뭐 다 뺏기는 삶은 산 거지. 농사지으면 나라에서 가지고 가, 세도정치가들이 가지고 가, 군대 안 간다고 돈 내래, 쌀을 억지로 빌려주면서 몇 배로 갚으라고 해. 이건 뭐 세금에 찢겨 죽는 거지."

"근데 가만히 있어?"

"그래서 평안도 지역에서 농민들이 일어나. 못 살겠다~ 홍경래~"

"아~ 그 홍경래?"

"그래, 홍경래와 민초들은 전부 일어나 봉기해 버리지. 처음에는 민란이 관군을 압도했어. 무척이나 잘 싸웠지. 그런데 그 이후에 반란은 진압당해 4개월 만에. 정주성에서 땅굴을 파고 들어온 관군에게 패배한단다."

"아쉽다."

"그래도 홍경래는 8개의 고을을 점령하고 꽤 넓은 지역에서 관군들을 격파하지. 이때 백성들은 홍경래를 많이 지지하였고, 그 시대의 지식인이나 문인들도 이를 지지했어. 그렇게 보면 홍경래의 난은 신분이 붕괴되는 인식을 심어줬다고 할 수 있지."

"예전 만적의 난처럼?"

"그렇지! 아주 잘 아네. 이런 민란에 빼앗긴 왕의 권력에 지친 순조는 일찍 세상을 뜨게 돼. 그 이후의 헌종이 왕이 되는데 이 왕도 뭐 8살에 왕위에 올라. 이제는 엄마 집안 풍양조씨가 권력을 휘두르지. 너 나이에 왕이 되어서 잘 견디겠니? 너 왕되면 잘할 수 있을 것 같아?"

"아니."

"그래~ 헌종도 일찍 죽음을 맞이해. 아들도 없이. 자 이제 이 권력가들은 왕을 찾기 시작한단다. 근데 이때 사도세자의 먼~~~ 후손인 철종이 눈에 띄어. 철종은 그냥 강화도에서 농사지으며 사는 무늬만 왕족? 이었는데, 안동 김씨의 힘으로 이 사람을 왕으로 추대했어. 농사 짓다가 갑자기 왕이 된 거지. 그래서 사람들은 이를 강화도령이라고 했단다. 어리숙하고 아무것도 모르는 왕. 철종은 아무것도 결정하지 못해 오직 안동 김씨에 의해서 모든 것이 이루어 지지 삼정의 문란은 더 심해졌고, 백성들은 더 힘들어졌어."

"와~ 무슨 전부 자기들 세상이야. 왕은 허수아비네."

"맞아. 전국에서는 농민들이 일어났어. 이 지역 저 지역 가릴 것 없이 전국에 민란이 끊이질 않았어. 전부 못 살겠다는 거지. 이러면서 왕권은 무너지고 조선은 완전히 썩어갔어. 정말 돌이킬 수 없을 정도로."

"망했네?"

"으응~ 아직 망한 것은 아니고~ 이때 동학이라는 것이 창시되고, 명성황후, 흥선대원군 등 많은 이야기가 기다리고 있지. 하지만 오늘은 여기까지."

"어~? 나도 다했다."

"그렇네~ 자~ 나머지 이야기는 기회가 되면 또 들려줄게."

"아빠가 해주는 이야기니 반전이 기다리고 있겠지?"

"그래~ 이제 서안이와 한 역사 이야기들도 조선을 넘어서게 되네. 이제는 우리나라도 근대로 들어가는 거야. 물론 한 이야기가 남았지만~"

"일단은~~~ 엄마~~~ 다 만들었어~~~ 예쁘지."

호랑이는 발톱을 숨긴다?

울산에 살기 시작하면서 좋은 점은 내가 좋아하는 바다가 근처에 있다는 것이다. 강도 많고 저수지도 많은 이 지역은 정말 나에게 있어 사랑스러운 곳이 아닐 수 없다. 딸아이와 아침 산책 겸 낚싯대를 하나 둘러매고 가까운 저수지로 갔다.

"아빠, 저 고양이 뭐야?"

낚시에 집중하고 있던 딸이 나에게 물었다. 그곳에는 얼룩무늬 고양이 한 마리가 우리를 향해서 어슬렁어슬렁 다가오고 있었다. 유명한 고양이였다.

"응, 이 저수지 터줏대감이지. 낚시꾼들 보면 저렇게 먹을 게 없나 하고 다가와."

나도 딸아이도 동물을 좋아하는 터라 딸아이는 낚싯대를 땅에 놓고 고양이를 불러댔다. 처음에는 경계심을 가지던 고양이는 어느새 딸아이에게 다가와 다리 사이를 문질러가며 애교를 부리기 시작했다.

"어, 왔어!"

그때 나에게 신호가 왔고 나는 얼른 줄을 감아올렸다. 30㎝ 남짓의 튼실한 물고기가 올라왔다. 그때부터 고양이는 우리가 물고기를 들고 사진을 찍을 때까지 가만히 있다가 사진을 다 찍고 나자 그제야 야옹거리기 시작했다.

"이거 달라고 하는 거 같은데?"

"줘도 돼?"

"야생고양이라 먹어도 탈은 없을 거야. 여기에 몇 번 와서 이 고양이가 아빠한테 오는 것도 봤고 다른 낚시하시던 분들도 주시는 것을 봤거든."

"그럼 내가 줄래."

고양이는 물고기를 얼른 발톱으로 낚아채서 입에 물고는 멀리 안 보이는 곳으로 사라졌다.

"그런데, 아빠. 고양이는 왜 발톱을 숨기고 있어?"

"개와는 다르게 고양이는 발톱을 무기로 하다 보니까 날카롭게 유지할 필요가 있거든 그래서 숨겨 놓는 거지. 그걸 보고 뭔가를 노리고 있는 사람을 빗대어서 호랑이는 발톱을 감춘다고 이야기하지."

"음, 그렇군. 아빠가 이야기해준 역사 속 인물 중에는 그런 사람이 없어?"

"있지."

"누구?"

“음, 대표적으로 흥선대원군이라고 생각하면 되겠다.”

“흥선대원군?”

딸아이는 루어를 멀리 캐스팅하면서 나에게 물었다.

“응, 흥선대원군 조선 최초의 왕이 된 적이 없는 왕의 아버지이자 유일하게 살아있는 왕의 아버지 어린 왕을 대신하여 정치하였고 조선 후기 우리나라의 방향을 결정해버린 위인이지.”

“좋은 사람이야? 나쁜 사람이야?”

“글쎄… 이 평가는 정말 어찌 이야기해야 할지 모르겠다. 저번에 밀양에 박물관에 갔을 때 척화비를 본 적 있지. 아빠가 잠시 흥선대원군에 대해서 설명해주려고 했는데, 네가 볼게 많다며 이리저리 뛰어다니는 바람에 포기했지.”

“아! 본 것 같아! 그 돌 비석인데 뭐 양인과 친하면 나라를 배신한다……? 맞나?”

“오, 잘 기억하고 있네! 맞아. 대원군은 쇄국정책을 했지. 어차피 너 다운샷 던졌으니까 감지 말고 깔작 데기만 하면서 아빠 이야기 들어보자.”

“대원군의 원래 이름은 이하응이고 왕족이기는 하나 아주 아주 먼 왕족이지.”

“철종처럼?”

“응, 그렇다고 볼 수 있지. 철종이 아들 없이 죽자 다음 왕이 필요했겠지? 근데 이때도 안동 김씨가 세도정치를 하고 있었거든 안동 김씨들은 철종 같은 허수아비 임금을 다시 세우고자 하였지. 그런데 이 안동 김씨들은 왕의 자질이 조금이라도 보인다 싶으면 어떻게든 귀양을 보내고 또는 어떻게든 죽였어. 그러다 보니 왕족들은 자신이 왕족이 아닌 양 살고 있었어. 이하응은 발톱을 숨겼어. 이하응의 별명이 엄청 많았어. 상갓집의 개, 궁도령 뭐 지금 같으면 천하의 몹쓸 파락호, 건달, 깡패 등등 맨날 술 마시고 깽판 치고 사람들이 시비 걸면 무조건 싸우고 그랬지."

"뭐야, 그런 사람이 나중에 권력을 잡은 거야?"

"호랑이는 발톱을 숨긴다! 대원군은 그렇게 건달들하고 어울리는 척하면서 그 건달들 사이에 유능한 사람들을 섞어서 데리고 다녔어. 그 사람들은 진짜 건달인 척했지만, 사실은 힘을 숨기고 있는 사람이었지. 또한, 대원군은 궁의 제일 어른인 조대비라는 사람과 몰래 친해져서 혹시 철종이 죽으면 자신의 둘째 아들을 왕으로 지목해 달라고 부탁했어. 이 모든 일을 아무도 모르게 진행했지. 안동 김씨도 저런 쓰레기는 신경 쓸 필요 없다고 생각해서 아무것도 하지 않았어. 마침 조대비도 안동 김씨의 압박을 받고 있었기 때문에 언젠가는 복수할 수 있을 거라는 생각을 하고 있었지. 결국, 철종이 죽고 이하응의 어린 아들 이명복은 12살에 왕이 된단다. 바로 고종이지."

"와~ 그럼 그렇게 하고 다녔던 게 다 거짓말이었던 거야?"

"그렇지. 사실 이방원도 그런 것을 했잖아. 근데 약 5~6개월 정도였지만 이하응은 꽤 오랜 시간 동안 인내하면서 기다렸어. 그리고 조대비가 고종의 수렴청정을 하고 결정권을 대원군에게 줌으로써 드디어 호랑이는 날개를 달게 된단다. 이때부터 대원군의 정치가 시작되지."

"오, 드디어 안동 김씨를 팍팍~~!!"

"맞아~ 일단 안동 김씨를 모두 궁궐에서 몰아낸단다. 그동안의 부패 등을 척결하고 깨끗하게 만들기로 했지. 그리고 전국의 서원이라는 것을 대거 폐쇄해버렸어."

"나 대충 알 것 같아. 그 지방에 양반들이 모여 있는 곳 아닌가?"

"맞아. 이제 정말 잘 아네~. 지방의 양반들이 세금은 내지 않고 혜택만 누리는 곳. 게다가 당파들이 모여 있는 곳. 그곳들을 중요한 곳만 남기고 모조리 폐쇄했지. 그러니까 자연스럽게 세금이 늘어나게 되었고, 국가도 풍족해지기 시작했어. 게다가 양반들에게도 세금을 내라고 했지. 양반들은 난리를 쳤어. 그러나 절대 권력을 가진 대원군을 그대로 밀어붙였고, 양반들도 세금을 내야 했지. 그러니 백성들은 얼마나 좋을까? 백성들은 처음에 대원군을 신처럼 생각했어. 혜성같이 나타나서 백성들의 세금을 줄여주고 살기 좋게 해주는 사람을 누가 안 좋아하겠어?"

"오~ 좋은 사람이네."

"그런데~문제는 말이다. 이 흥선대원군은 지나치게 왕권에 집착했어. 사실 그동안에 왕권이 약화한 탓도 있지만, 왕권이라는 것에 너무 집착한 나머지 잘못된 정책을 펴고 말아. 바로 경복궁 중건."

"궁궐을 다시 짓는 것은 좋은 거 아냐?"

"옛날에 수원 화성을 지을 때 정조대왕이 백성들에게 노역비를 나눠준 거 기억나?"

"아, 그렇구나! 돈 안 주고 일만 시키는구나."

"그래, 게다가 그 거대한 궁궐을 지으려면 돈이 엄청나게 들겠지. 그 돈 전부 백성에게서 나오니, 다시 힘들어졌지. 백성들은 흥선대원군을 원망했지. 게다가 이러한 왕권을 살리기 위하여 천주교 신자들을 학살했어.

약 8천 명이나 잡아 죽였지. 종교는 유교 사상을 이어야 하고 천주교는 왕권에 위협이 된다고 생각했어. '하느님 아래 평등.'이라는 종교적 교리를 미워했다고 볼 수 있지."

"그게 뭐 어때서. 아빠가 종교는 누구나 마음대로 하면 되는 거라고 했잖아."

"그래, 근데 흥선대원군은 천주교를 철저히 박해했어. 그러다가 프랑스 선교사도 죽여 버리는 일이 발생하지. 프랑스 군대는 이 일을 빌미 삼아 군함 3척과 병사 1,000명을 이끌고 강화도를 침범한단다. 이를 병인양요라고 해. '병인년에 양인이 일으킨 난리다.' 이런 뜻이지."

"하다 하다 이제 프랑스도 쳐들어와? 프랑스는 멀리 있잖아?"

"그렇지. 근데 우리는 이 시기의 세계를 봐야 해. 세계의 열강 특히 영국, 프랑스, 스페인, 미국, 포루투칼, 네덜란드 등 이 나라들은 앞선 기술을 중심으로 군대를 만들고 다른 나라를 침범하여 식민지로 만들어. 또는 대항하는 국가에는 서로 무역을 하자고 손을 내밀지. 이때 프랑스 역시 이러한 일을 하기 위하여 자국의 선교사들을 죽인 일을 핑계 삼은 것뿐이야. 그런데 조선은 만만치 않았어. 프랑스가 이렇게 쳐들어왔는데도 불구하고 한판 붙자고 하였지. 사실 프랑스는 저 미개한 동양인들에게는 군사가 몇 필요 없다 하면서 160명 정도만 보냈어. 어찌 되었을까?"

"이겼겠네."

"이겼는데 쉽지 않았어. 조선은 양헌수 장군을 중심으로 몰래 강화도로 건너가서 정족산성에 진을 치고 프랑스군과 죽기 살기로 싸워. 우리 쪽 전사자도 많았지. 프랑스는 생각보다 저항이 강하자, 강화도에 있는 외규장각에 문화재를 약탈하고 불을 지르고는 도망가버렸단다."

"저런 나쁜 놈들…"

"그때 서안이가 우리나라 것이 왜 외국에 있냐고 했지? 이런 이유에서 외국에 가 있는 거란다. 그리고 우리나라에서 계속 달라고 요구하여 이제 겨우 조금씩 돌아오고 있지."

"내가 커서 다 받아 낼 꺼야."

"그래라~ 그래~ 이렇게 끝이 나면 좋겠지만 이번에는 제너럴셔먼호 사건이 또 일어난단다."

"그건 또 뭐야?"

"미국의 무역선인데, 평양으로 가서 자기네 물건을 사고팔자고 했지. 근데 조선은 이 수교를 거부했어. 그러자 미국인들은 조선의 관리를 인질로 잡고 물건을 사고팔자고 강요했어. 이에 평양사람들은 이 배를 불태워 버리고 그 내부에 있던 선원들을 죽인단다. 이 사건을 계기로 미국은 신미년에 쳐들어온단다. 이를 신미양요라고 해. 미군은 엄청난 화력으로 몇 곳을 점령했고, 이에 맞서 싸운 어재연 장군은 죽는단다. 그리고 그 후에 조선군을 따로 편성하여 결사 항전을 했어. 미국은 결사 항전에 물러나게 되었지. 조선은 승리를 자축했어."

"그래도 이겼네~"

"과연 그럴까? 이때 미국의 전사자는 3명, 우리는 350명이야. 이건 이긴 게 아니야. 미국은 우리나라를 식민지로 만들기보다는 무역을 강요하려고 했던 것이고 저항이 너무 심하니 그냥 잠시 물러난 것 뿐인 거야. 이 일을 계기로 흥선대원군은 척화비를 세워. 전국의 봉쇄령을 내리지.

'서양 오랑캐가 침범했을 때 싸우지 않으면 화의를 맺는 것이고 화의를 맺는 것은 나라를 파는 것이다.'

"내용이 좀 무섭다."

"그렇지? 이 일로 하여 우리나라는 문을 꼭꼭 걸어 잠그게 돼."

"근데 아빠 내 생각에는 잘한 것 같은데?"

"그래? 그럴 수도 있지. 그럼 이 이야기는 이만 줄이고, 다음에는 그 당시의 시대상, 일본의 행동, 그리고 이 쇄국정책이 불러온 효과 등을 천천히 살펴보기로 하자. 사실 아빠는 고조선부터 조선 시대까지는 이야기하기를 좋아하는데 조선 후기부터 대한제국에 이르기까지는 그렇게 좋아하지 않아."

"왜?"

"너무 슬프거든. 너무너무 슬프고 화나고 안타깝고 복잡한 감정들이 소용돌이쳐서 막 소리를 지르고 싶을 때도 있어."

"나도 그럴 것 같아서 안 들을래."

"하지만 반드시 알아야 해. 그래야 두 번 다시 이런 일을 겪지 않는 거야. 아빠가 늘 이야기하지? 역사를 잊은 민족에게?"

"미래는 없다~!!"

"그래, 잘했어. 대신에 너무 서두르지 않고 천천히 알려줄게. 알았지?"

"응~ 알았어."

"이제 집에 가자. 안 잡힌다. 엄마 기다리겠다."

"아빠 저기 고양이 우리 쳐다보고 있다. 다음에 올 때는 츄르좀 사 와야겠어."

"그래 그러자."

뭐가 더 좋은 거지?

우리는 집으로 돌아와서 간식을 먹던 중 딸아이가 물었다.

"근데 아빠 왜 쇄국정책이 잘했는지 알려주지 않아?"

"아~ 돌아갈 때가 되어서 그런 것뿐이고. 음~ 그럼 그때 세계의 시대상을 알아보고 우리나라의 시대상 그리고 개화를 주장했던 사람들까지 한번 생각해 보자. 어때?"

"좋아~"

"그럼 연습장하고 연필 가져와 줄래? 아빠가 그림을 그리면서 설명하는 게 좋을 거야. 아~! 저 지구본은 아빠가 가져올게."

딸아이는 방으로 들어가 연습장과 연필을 들고 나왔다.

"자, 준비가 되었으니 이제 이야기 한번 해보자~재미있을 거야. 일단 요기 지구본을 한번 볼래? 여기 유럽을 보자 때는 1800년대 초반 이쪽

유럽 특히 영국, 프랑스 등지에서는 눈부신 과학의 발전이 이루어지기 시작하지. 증기기관이라고 해서 석탄을 태워 기계를 돌리는 기술 등이 개발되면서 급속도로 발달을 하는 거야. 그런데 너무 급속도로 기술이 개발되기 시작하면서 이 나라들은 밖으로 손을 뻗어 나간단다. 바로 아시아~! 이쪽 지역을 공략하기 시작한 거지."

"근데, 꼭 그래야만 했어?"

"음…, 좀 더 깊게 들어가면 인플레이션 현상 등을 이야기해야 하는데, 그렇기에는 좀 무리가 있고 이렇게 생각하자. 생산이 좋아지면서 물건이 많이 생기겠지? 근데 그 물건을 팔 곳이 자기네 나라밖에 없으면 생산된 물건은 가격이 더 싸지겠지? 그럼 공장들은 아무리 많이 생산해도 돈을 벌지 못하잖아? 그렇다면?"

"아하~ 다른 나라에 팔아야겠구나!"

"그렇지~ 바로 그러한 원리야. 결국, 다른 나라를 무력으로 진압함으로써 자기네 물건 등을 강제로 판매하고 그 나라에 돈과 자원을 가져오면 이득이겠지? 이걸 열강의 제국주의라고 한단다."

"그래서 병인양요와 신미양요도 일어난 거구나~."

"그렇다고 할 수 있지. 근데 이런 일들이 벌어지기 이전에 청나라와 일본의 상황도 한번 볼 필요가 있어. 일단 청나라 역시 이러한 열강의 침략을 받아야 했어. 특히 아편이라고 해서 아주 안 좋은 마약인데 이게 청나라에 수입이 많이 되었어. 그렇다 보니 나라에서 이것을 못 하게 했지. 아편의 최대 수출지였던 영국은 아편을 못 팔게 되자 청나라를 무력으로 다스리려고 하지. 청나라는 영국에 충격적으로 패배했고, 영국과 불평등

조약인 난징조약을 체결하게 된단다."

"음…, 근데 조약이 뭐야?"

"나라와 나라가 체결하는 약속을 말하는 거야. 이 약속을 서면으로 남기고 이를 지키지 않으면 전쟁도 불사하지. 그리고 다른 나라들도 왜 약속 안 지키냐며 지키지 않은 나라를 공격해. 결국, 절대적인 문서로 볼 수 있어."

"그럼, 중국도 영국에게 패배한 거야?"

"그렇다고 볼 수 있어."

"그럼 일본은?"

"일본도 역시 다르지는 않았어. 일본은 사무라이들이 설쳐대는 미개한 나라였는데, 미국의 페리 함대가 일본으로 들어와서 전쟁 연습한다면서 함포를 쏘아대. 일본 정부는 이게 뭔가 하고 있다가 미국이 그러는 이유가 문을 열고 개항하라는 것이란 것을 알게 되었지. 근데 생각해 보니 싸우려고 해도 상대가 될 수 없다고 느낀 거야. 일본의 미국의 힘 앞에 어쩔 수 없이 문을 열었고 차례대로 영국, 러시아, 네덜란드, 프랑스와 불평등 조약을 맺는단다. 그리고 사무라이들이 설치는 세상이 아닌 왕정을 새롭게 세우게 되는데 이를 메이지 유신이라고 해. 그러면서 여러 가지 개혁을 추진하였고 마침내 근대적인 국가로 바뀐단다."

"그럼 일본도 다른 나라들 때문에 그렇게 된 거야?"

"그렇다고 볼 수 있지. 청나라나 일본은 그들 서양과 굉장히 불리한 조약을 맺어. 예전에 우리나라가 청나라에 그러했듯이 말이야. 근데 이러한 일이 있고 난 이후 우리나라에 병인양요와 신미양요가 터지지. 뭐 결과는 서안이가 알 테고."

"그럼, 우리나라는 그때 양인들을 물리쳤으니까 개항을 하지 않은 거네."

"그래, 그렇다고 볼 수 있지. 흥선대원군은 청나라의 아편전쟁이나 일본의 메이지유신 그리고 우리나라에 터진 양요를 보면서 더욱더 굳게 문을 걸어 잠가 버리지. 사실 이러한 일들을 겪고 나면 서안이도 그렇지 않을까?"

"그럴 것 같아. 이상한 사람들이 막 들어와서 막 휘젓고 다니면."

"그래, 사실 흥선대원군도 개항하고 근대 국가로 가야 한다는 생각은 했을 거야. 근데 이렇게 갑작스럽게 개항을 하면 안 그래도 세도정치로 몰락한 왕권을 겨우겨우 살려뒀는데 혼란이 가중될 수도 있고, 아직 우리가 이를 받아들일 준비가 되지 않았다는 생각을 했을 거야. 내부적으로 결속을 더 다지고 차근히 준비해서 점진적으로 문을 열어 근대 물품들을 받아들이고자 했던 생각이었을 거라고 아빠는 생각한단다."

"나도 같은 생각이야. 경복궁 짓는다고 백성들을 괴롭히긴 했어도, 안동김씨 일파를 팍팍해서 또 도움도 줬잖아?"

"그래, 그런데 이제 흥선대원군은 힘을 잃어버려. 서원을 철폐하면서 양반들에게 지지를 못 받고 경복궁을 짓는다고 백성들에게 인기가 없었던 흥선대원군은 고종이 왕에 오른 지 10년이 되자 그 힘을 잃게 된단다. 누구에 의해서?"

"누구?"

"본인 손으로 왕비 자리에 앉힌 명성황후에 의해서."

"엥? 그럼 엄마가 할아버지를 쫓아낸 거야?"

"맞아~ 게다가 명성황후는 흥선대원군이 직접 고른 여자이지. 명성황후는 이러한 틈을 타서 개혁을 주장하는 신하들을 모으고 특히 최익현을 시켜 왕에게 상소를 올리게 해서 흥선대원군을 파직시킨단다. 결국, 명성황후가 권력을 쥐게 되고 궁궐은 명성황후의 민씨 일족이 모두 들어왔어. 또 다시 세도정치로 돌아오게 된 거야."

"헉~!! 또 세도정치?"

"그래, 세도정치. 백성들은 또 살기 어려워지지. 고종은 본인이 직접 정치를 하겠다고 나서기 시작하면서 그래도 많은 생각을 했어. 이제 개화의 물결을 받아들이기도 한 거지. 그런데, 아무런 준비 없던 개화는 아슬아슬한 줄타기에 불과했지. 너무도 많은 부작용이 생긴단다. 이 모든 것을 뒤에서 부추기고 조종했던 것은 바로 명성황후였지. 그들의 생각 또한 틀리지는 않았어. 개화라는 것은 분명 필요한 것이었고, 우리도 개화해서 문명을 받아들이고 다른 나라와 어깨를 나란히 해야 하는 것이 맞는 선택이기도 해. 그러나 정말 아무것도 몰랐고 아무 준비도 되어 있지 않았어. 그리고 내부적으로는 민씨 일족의 세도정치가 백성들의 삶을 후벼 파고 있었지."

"그럼 명성황후는 좋은 사람이야 나쁜 사람이야? 난 도통 모르겠어."

"글쎄, 개혁을 이루고자 하였으나 너무 욕심이 과한 사람? 뭐라고 설명해야 할지 모르겠다. 서안아 모든 것을 좋은 것 나쁜 것이라고 구분은 짓지마, 역사적으로 보면 이 사람이 참 나쁜 사람 같아도 이 사람 덕분에 이루어진 것들도 많아. 반드시 흑과 백으로 나누기보다는 그 사람이 잘

한 일 잘 못 판단한 일로 보자. 편견 없이 보는 거지."

"알았어~"

"음 이제부터는 우리나라가 어떻게 일본에 나라를 빼앗겼는지 이야기를 해줄 거야. 강화도 조약부터 을미사변 을사늑약까지. 그 이야기가 흘러가면서 우리나라 내부에서 어떤 일들이 있었는지도 함께 알려줄 텐데, 집중해서 잘 듣도록 해."

"그래~ 근데 이제 그냥 좀 놀자~ 하하."

"그래~ 아빠도 더 이야기할 생각은 없었어. 다음에 기회가 되면 또 알려줄 거야."

"그럼 내가 보드게임 가져 올테니 하자."

"그래, 좋아!

아빠는 군대 다녀 왔어?

"아빠~ 우리 맨날 지날 때마다 보는 데 저기는 뭐 하는 곳이야?"

"응? 어디?"

"저기 군인 아저씨들 있는 곳."

"아~ 도시마다 방위사령부라는 곳이 있어. 도시를 지키는 군인 아저씨들이지."

"멋있다~~"

"그래? 아빠는 힘들어 보여~."

"아빠는 군인 아닌데 어떻게 알아?"

"아빠도 군대에 있다가 왔지. 대한민국 남자라면 20살이 넘으면 모두 군대에 갔다 오거든 몇 가지 예외를 제외하고."

"그럼, 아빠도 군대 갔다 왔어?"

"응, 그럼 아빠도 힘들게 다녀왔지. 군대 생각난다. 아~ 참 벌써 15년 전이네."

"우와, 아빠도 군대 다녀왔구나."

"그래 다녀왔지. 저런 신식 군대가 들어서기 시작한 것도 저번에 이야기한 명성황후의 세도정치가 시작되고 나서지."

"아, 참~ 그 뒷이야기 해주기로 했잖아."

"그랬지. 어차피 밥집이 가는데 시간이 좀 걸리니까 가는 동안 강화도 조약과 임오군란이라는 것을 알려줄게."

"오, 조약 나도 뭔지 알지. 그런데, 임오군란은 뭔지 모르겠다."

"음~~~ 저번에 일본도 개항하고 메이지유신이라는 새로운 정부가 들어섰다고 했지? 이 일본인들이 웃기는 게 새로운 정부가 들어서면 꼭 하는 일이 있어요. 임진왜란처럼."

"또 쳐들어오는구나?"

"맞아~ 근데 이번에는 우리나라에 바로 쳐들어오지는 않아. 좀 틀리게 접근하지. 메이지유신 이전에 사무라이들이 설친다고 했지. 이 사무라이들이 이제 평화에 시대가 오니 답답한 거야. 그리고 그때 일본에서는 정한론이라고 해서 예전에 알려준 임나일본부설과 맥을 같이 하는 주장인데 혹시 이해하겠어?"

"음, 임나일본… 아! 할아버지하고 들은 그거 일본 뭐 왕이 우리나라 가야가 지네들 땅이라고 한 거 그거~!!"

"맞아~ 그 정도만 알아도 정말 대단한 거지. 정말 우리 딸 대단하다. 이 사무라이들이 답답하니까 그 정한론이라는 것을 들먹이면서 예전부터 조선은 자기네 땅이니 침범하자고 하지."

"꼭 그런 식이더라."

"그래, 일본은 계속해서 기회를 엿보고 있었어. 근데 마침 흥선대원군이 물러났어. 이제 기회라고 생각한 일본은 미국하고 똑같은 짓을 하지."

"무슨 짓?"

"운요호라는 전함을 몰고 와서 무력시위를 한 거야. 미국이 자기네 나라에서 했던 짓을 똑같이 따라 한 거야. 함포 쏴대면서, 우리나라 진지를 이곳저곳 부셔놨어. 그리고는 영종도로 유유히 올라와서는 하는 말이 가관이야. '우리는 그냥 바다를 측량하러 올라왔는데, 갑자기 조선의 수군이 물러나라고 하면서 사격을 하기에 대응해서 사격했고, 이에 따라 조선은 우리에게 사과해야 한다.' "

"뭐? 어이없는 것들이네! 정말."

"이 모든 게 일본의 계획이었던 거야. 그러면서 사과의 의미로 서로 조약을 맺자고 했지. 조선에서는 거부했어. 늘 상 해오던 무역인데 무슨 또 조약을 맺자고 하냐며 강경하게 대응했지. 근데 이제 국제사회가 변했고 조약이 있어야 한다면서 미국, 영국, 프랑스 등 열강들이 일본을 지지하고 나섰어. 어쩔 수 없이 우리나라는 조약을 맺는단다."

"근데 아빠 조약을 맺는 게 그렇게 문제인 것은 아니잖아."

"그래~그렇지. 당연히 조약은 나쁜 게 아니야. 그런데 그 내부의 내용이 문제지. 일본은 조약을 맺는 날 전함 6척과 군사 3000명을 대동하고 나타났어. 그리고는 자신들의 무력을 보여줬지. 기를 팍 죽여놓은 다음에 말도 안 되는 조약을 맺는단다."

"아~ 청나라나 일본이 맺었다는 불평등 조약이구나."

"맞아. 겉치레 내용은 서로 동등한 위치에서 무역을 자유롭게 한다는 내용이었는데 그 안에 아주 아주 불평등한 것들이 있었어. 특히 6, 7, 8, 9항은 정말 어이없었어. 6항이 일본 선박이 난파되면 아무 곳이나 정박해서 위험을 피한다고 되어 있는데, 이거 자기네 마음대로 들어오겠다는 의미야. 7항은 자기 마음대로 우리나라 지도를 작성하겠다는 말이었고, 8항은 일본 상인을 다스리는 관청을 우리나라에 설치하겠다는 말이었어. 마지막으로 9항은 양국 백성들이 자유롭게 무역하고 양국관리들은 간섭하거나 금지할 수 없다고 규정하면서 무력으로 빼앗듯 어쨌든 정부에서 간섭하지 말라는 거였어. 이게 바로 우리나라가 일본에 식민지가 되어버리는 첫걸음이 시작되는 거야."

"그걸 그냥 약속한 거야? 우리나라는 뭐한 거야? 그걸 왜 해?"

"워워~ 진정하고, 나라에 힘이 없어서 그런 거지."

"이 강화도 조약을 계기로 일본인들은 우리나라에서 자유롭게 물건을 사고팔고 할 수 있었지. 이때부터 쇄국정책은 완전히 무너지고 왕실에는 명성황후와 그의 오빠들이 확실한 권력을 잡는단다. 그리고 조선에는 신식 군대가 생기고 일본인 교관이 들어와서 우리나라 군사들을 훈련시켰어."

"나참, 우리나라에 들어와서 아주 난리네?"

"그렇긴 한데, 그래도 바야흐로 문물을 개방할 때니까 일본의 앞선 기술이 있으면 받아서 사용하는 것도 나쁘지 않잖아. 근데 문제는 따로 있었어. 새로 생긴 신식 군대만 대우를 좋게 해주고 옛날 구식군대는 월급을 13달 동안 지급하지 않았어."

"에? 그럼 1년 넘는데 뭐 먹고 살아?"

"어느 날 1달 치 월급으로 쌀이 나왔어. 그래도 군인들은 집에 돌아가서 자식들 배불리 먹을 생각에 즐거운 마음으로 출근했지. 그런데 쌀을 열어보니 절반은 썩었고, 절반은 모래가 섞여서 무게만 늘려놓은 어이없는 쌀이었지. 군인들은 분개했어. 게다가 이 쌀의 일부가 명성황후의 오빠인 민겸호가 가지고 갔다는 정황이 밝혀지자 군인들은 쌀을 나누어 주던 창고지기를 두들겨 패고 민겸호의 집으로 달려가서 다 때려 부숴버렸지. 민겸호는 그 소식을 듣고 무서워서 궁궐로 도망쳤단다."

"나라도 그랬겠다. 얼마나 화나겠어?"

"그래, 아빠도 그랬을 거야. 확마~~~!!"

"그래, 다 때려 부숴버려~~~!!"

"둘 다 진정하세요~~~."

흥분하는 아이와 나를 아내가 말렸다.

"큼~~~, 어쨌든 군인들은 흥선대원군의 집으로 몰려갔어. 마침 흥선대원군은 다시 권력을 빼앗기 위하여 호시탐탐 기회를 노리고 있었던 때였지. 군인들은 울부짖으며, 흥선대원군에게 호소했지. 흥선대원군은 겉으로는 달래어 군사들을 다시 돌려보냈지만, 속으로는 이 기회를 놓칠 리 없었어. 몰래 자신의 심복인 허욱이란 사람을 보내서 그들을 지휘하게 하고 뒤에서 지켜봤어. 이렇게 해서 구식군대는 드디어 난을 일으키지. 게다가 세도정치에 핍박받던 백성들까지 합세해서 대대적인 난으로 번졌어. 처음에는 단순한 군인들의 난이었으나 민씨 세력의 척결과 일본의 척결을 목표로 해서 일본군인 13명을 죽이고 일본 공사관이라고 해서 일본의 관리들이 있는 곳을 불태워 버려. 난리는 더 크게 번지고 힘이 강해져서 명성황후를 죽이기 위하여 궁궐까지 쳐들어가지. 이때 명성황후는 궁녀복으로 갈아입고 충주에 있는 자기 오빠 집으로 도망친단다. 고종은 도저히 사태가 불같이 번지자 흥선대원군을 다시 불러들였어. 흥선대원군은 사태를 진정시키고 정권을 다시 잡는 것처럼 보였지."

"와~ 그럼 흥선대원군은 다시 정권을 잡은 거야?"

"그런데 명성황후가 얼른 청나라에 도와달라고 요청해버려. 청나라는 이때다 싶어서 군사를 얼른 보내주지."

"왜? 이때다 싶어?"

"원래 청나라는 우리를 본인들의 아우 국가로 생각했는데, 이거 뭐 일본 러시아 등등이 들어와서 우리나라를 삼키려고 하니 불안했던 거지. 우리 것인데 남들이 자꾸 들어오니까 말이야."

"나참, 우리나라가 동네북이야?"

"그러게~ 어쨌든 청나라 군대가 급하게 파견됨으로써 임오군란은 진압되고 흥선대원군은 청나라로 끌려가. 일본은 이번 일로 하여서 배상하라며 제물포조약이라는 것을 체결했고, 청나라는 우리나라를 다시 속국으로 만들겠다는 야심을 드러냈어. 결국, 실패한 임오군란은 오히려 안 좋은 영향만 주게 된 거야."

"아, 계속 생각하는 건데… 명성황후 별로 마음에 안 들어…."

"명성황후도 개화를 위하여 노력했어. 이 이후에도 명성황후는 계속 나와. 개화와 발전을 위하여 어떤 일을 하는지도 한번 생각해 보기로 하

자. 이제 다 왔네! 이야기도 다 했고."

"저기 삼촌하고 서 있네." 아내가 이야기했다.

"앗싸~~~ 지민아~~~."

딸아이에게 이야기 해주면서 이런 역사가 참 부끄럽다는 생각이 들었다. 힘이 없어 빼앗겼던 울분의 역사, 그 역사를 아이에게 알려주어야 하는 것이 속상하고 답답했다. 하지만 이런 역사 역시 우리는 극복해 냈다. 그리고 지금도 진행하고 있고 앞으로 발생할 총포 없는 전쟁 속에서 우리 아이들이 잘 헤쳐나갈 수 있도록 교육하는 것이 또한 부모라는 사람의 사명이라고 생각했다.

하루만 이렇게 된다면 나는?

"다녀왔습니다~"

"아빠 다녀오셨어요~"

"어~ 우리 서안이 잘 있었어?"

집으로 돌아온 나는 손을 씻고 밥 먹을 준비를 하면서 집으로 들어섰다. 아내가 저녁을 준비하는 동안에 아이의 숙제를 살펴봤는데, 생각보다 창의적인 부분을 필요로 하는 문제라 속으로 깜짝 놀랐다.

"하루만 이렇게 된다면? 나는 어떻게 할 것인가? 오~ 상당히 생각을 많이 해야 하는 문제네?"

"안 그래도 서안이가 이래저래 적고 싶은 게 많아서 고민인가 보다. 여보가 좀 도와줄래? 나 이제 저녁 차릴게."

"그래~ 그러지 뭐."나는 대답을 하고 딸아이 옆에 앉았다.

"아~ 아빠는 역사쟁이라서 역사 이야기 밖에 안 하는데."

"너도 좋아하잖아."

"그럼 아빠, 역사로 해볼까? 하루만 왕이 된다면 어떻게 될까? 이런 거?"

"야~ 그거 좋네~ 실제로 3일 동안 완전 조선을 점령한 사람이 있었지. 이야기해줄 테니까 들어보고 참고해서 써볼래?"

"응응."

"너 삼일천하 김옥균 알지?"

"응, 노래에 나오잖아. 근데 왜 삼일천하인지 늘 궁금하긴 했어."

"그래? 그 김옥균의 삼일천하 이야기야. 3일 동안 완전히 조선을 장악했지."

"근데 왜 3일이야?"

"음~ 그건 3일 동안만 장악하고 그 이후에는 바로 쫓겨났거든."

"엥? 겨우 3일."

"그래~ 이들 급진개혁파 개혁당들은 3일 동안 천하를 지배하다가 바로 쫓겨나게 되지."

"난 또 3일 만에 장악했다고. 그런 줄 알았어."

"그것도 뭐 틀린 말은 아니네. 아주 급진적으로 장악은 했으니까. 아빠가 이제 하나씩 이야기해볼게. 저번에 밥 먹으러 가면서 임오군란 이야기 해줬지?"

"응, 군인 아저씨들 이야기."

"그렇지~임오군란 이후에 궁궐은 두 가지 세력으로 나누어졌어. 한쪽은 고종과 명성황후가 천천히 개혁하자는 온건 개혁파, 한쪽은 김옥균, 박영효 등이 바로 개혁을 추진해야 한다고 주장하는 급진개혁파로 쪼개진 거지."

"근데 그 사람들은 왜 빨리 개혁을 하자고 한 거야?

"그건 그 사람들이 자라온 환경을 보면 그럴 수도 있겠다 싶을 거야. 김옥균, 박영효 등의 급진개혁파들은 원래 아주 유복한 가정에서 학업에 정진하던 청년들이었어. 사실 김옥균은 안동김씨로 김옥균이 어렸을 때는 집이 아주 풍족하여 여러 생각 하지 않고 공부에만 매진할 수 있었지. 이리저리 자유롭게 친구들과 사귀고 또 그 사이에서 자연스럽게 새로운 문화들을 배울 수 있었어. 그러다 보니 어릴 때부터 우리가 많이 뒤처져 있다고 생각을 했을 수 있지. 김옥균 등의 청년은 사랑방에 모여서 나라에 대한 걱정들을 늘 하곤 했었는데, 어느 날 박지원 선생의 아들 박규수라는 사람을 만나 지구본이라는 것을 보게 돼."

"지구본?"

"서안이가 생각할 때는 이상하지? 지구본이 왜? 이런 생각이 들 거야. 이때까지만 해도 우리나라는 중국이 천하의 중심이다. '중국이 아주 크다.' 라는 중화 천하 사상이 몸에 배어 있었지. 이는 공자의 유교가 우리나라의 지도 이념이 되면서 그럴 수밖에 없었어. 그런데, 지구본을 보면 어때 중국보다 큰 나라들이 많지? 게다가 중국보다 힘도 세고, 땅도 넓고, 이리저리 지구본을 돌려보니 중국이 다가 아닌 거야. 비로소 세계를 느끼게 되는 거지. 충격적이었어. 이게 뭐야 우리는 정말 우물 안의 개구리였네. 아~ 이대로는 안 된다. 김옥균은 무릎을 '탁' 쳤어~! '개화만이 살

길이다.'"

"아~ 그렇구나."

"생각해봐. 아빠라도 그럴 거 같아. 서안이가 김옥균이 되어봐 한번."

"음, 중국이 젤로 크다! 근데 와~ 지구는 엄청 크구나!"

"그래~ 바로 그거지~!"

"김옥균은 개화에 대하여 강력하게 주장한단다. 그런데 고종과 명성황후는 그렇지 않았어. 천천히 개혁하자고 주장했지. 김옥균은 저렇게 해서는 절대 개화할 수 없고, 개화가 되더라도 다른 나라에 밀릴 게 뻔하다고 생각했어. 그리고는 자신들과 뜻을 같이하는 동지들을 모아서 일을 벌인단다."

"근데 아빠 고종과 명성황후는 왜 천천히 개혁하자고 했던 거야?"

"음, 이것은 좀 다른 문제인데, 임오군란을 진압했던 곳이 어디야?"

"청나라~! 중국~!"

"그래~ 임오군란 이후로 청나라의 간섭이 심해졌거든. '야~ 우리가 시킬 때 개화해라~' 이런 식으로 고종과 명성황후는 눈치를 볼 수밖에 없었어."

"아~ 그러니까 그냥 알아서 해결하지. 청나라를 데리고 와서는…."

"그 이야기는 나중에 하자. 어쨌든 우리나라 최초의 우체국이 문을 여는 날 김옥균 등의 급진개혁파는 폭탄을 터뜨려 버려. 그리고 반대파 신하들을 척살하지. 김옥균은 이를 지켜보고 있다가 얼른 궁궐로 달려가서 청나라가 난을 일으켰으니 왕과 왕비는 피신하라고 거짓말을 했어. 고종과 명성황후는 아무것도 모른 채 경우궁으로 피신을 했지. 그리고 벌벌 떨고 있는 이 둘을 설득하여 개화당을 만든단다. 드디어 정권을 잡게 된 거야."

"와~ 순식간이네. 근데 왜 3일밖에 안 돼?"

"응, 눈치 빠른 명성황후가 이를 간파했기 때문이지. 명성황후는 이상하다고 느꼈어. 자신의 수족들이 연락이 안 되기도 하고 갑자기 청나라가 배신했다는 것이 이상하다고 느꼈거든. 명성황후는 우리나라에 있던 청나라 군대에 연락하여 사정을 확인한 다음 그들을 동원한단다."

"아~ 또 청나라야?"

"그래~ 근데 김옥균도 이를 미리 준비하고 있었어."

"어떻게?"

"명성황후가 눈치를 채고 청나라를 끌어들이면 일본군대가 나서주기로 일본 관리와 약속했던 거야."

"아~ 또 뭔 일본이야."

"그러게 암튼 본인의 힘으로 했으면 좋았을 텐데, 아쉽게도 할 수 있는 게 없어서. 어쨌든 일본군대가 이를 막아주기로 했지만, 청나라 군대는 이미 조선에서 전쟁 준비가 되어 있던 상태고 일본은 준비가 안 되어 있다고 생각하고 그냥 발을 빼버려 물러나 버리지. 일본이 약속을 깨버린 거야. 청나라 군대는 바로 들어와서 김옥균 등을 진압해 버렸어. 이들은 일본으로 도망가버리고 난은 순식간에 진압돼요."

"아무 의미 없이 끝났네?"

"그렇진 않아. 이게 3일밖에 안 되었어도 역사적으로 아주 많은 영향과 의미를 남기게 되는 사건이야. 갑신정변에 성공하고 난 후에 김옥균은 개혁 정강 14개 조를 발표하게 되는데 거기에 내용에 대하여는 아빠도 아주 마음에 들어."

"무슨 내용인데?"

"다 언급하기는 그렇고 일단 청과의 관계에서 더는 청을 군신의 예우로 하지 말 것, 신분제를 없앨 것, 재능에 따라 백성들을 등용할 것, 탐관오리를 처벌할 것, 군대를 만들 것, 불필요한 관청을 없앨 것 등 아주 근대적이고 민주적인 평등사상이 잘 들어 있었던 거지."

"이야~ 만약에 성공했으면 달라지긴 했겠다."

"그래, 또 모르는 일이지. 그런데 이러한 과정에서 일본을 끌어들였다는 점과 너무 준비 없이 나선 점, 그리고 이러한 개혁은 백성들에게 지지를 받아야 하는데, 백성들로서는 '위에서 자기들끼리 치고받았데' 정도의 한심한 일로 비추어 지면서 실패한 것으로 봐야겠지. 그리고 이 실패한 거사 때문에 그 이후의 정세도 더 악화하게 된단다. 일본과 청나라의 간섭이 더 심해지게 되는 거지."

"아~ 아빠 이야기 들어보니까 슬슬 알 거 같아. 왜 우리가 나라를 빼앗겼는지."

"그래, 이러한 흐름이 중요해. 이 흐름을 한번 읽어 보렴. 잘하고 있어. 내 딸."

"그럼, 난 이렇게 해볼래. 내가 하루만 김옥균이 된다면? 갑신정변 전 준비를 어떻게 할 것인가?"

"오~~~ 멋진데~ 최고당~~."

녹두꽃

"앗~ 파랑새다. 새야 새야 파랑새야 녹두밭에 앉지 마라. 녹두꽃이 떨어지면 창포 장수 울고 간다~"

시골집에서 이리저리 치울 것을 찾고 있던 나는 딸아이의 노래를 듣고 깜짝 놀랐다.

"딸, 너 그 노래 어떻게 알아?"

"엄마가 가르쳐 줬어. 그때 버드파크가서 파랑새 보고 생각난다고."

"그래? 너 파랑새가 무엇인지? 녹두밭과 창포 장수가 뭔지도 알아?"

"그게 무슨 소리야~ 그냥 노래잖아."

"그거 전부 뜻이 있는 노래야. 가슴 아픈 노래."

"그래? 어쩐지 부르면 좀 슬퍼지더라고~"

"이리 와서 앉아봐. 그게 무슨 노래인지 가르쳐줄게."

나는 잔디밭에 조를 한 줌 뿌렸다. 어디서 봤는지. 새들이 하나둘 모여들었고 처마 밑 의자에 앉아서 이야기를 시작했다.

"서안아, 저번에 아빠가 갑신정변 이야기 해줬지?"

"삼일천하 김옥균! 나 그거 제출해서 선생님이 엄마한테 전화했잖아. 이건 누가 가르쳐 준거냐고."

"그래, 그랬지. 그 갑신정변의 여파로 청나라와 일본은 텐진조약이란 조약을 맺게 돼."

"그건 무슨 조약인데?"

"조선에서 이러한 반란이 일어나면 청나라와 일본이 같이 들어와서 막는다는 것?"

"왜 그러는 거야?"

"서로 조선을 차지하고 싶어서 그러는 거지. 아니 왜 우리나라 일을 자기들이 간섭을 하는 건지. 아무튼, 이때 참, 그래…. 어쨌든 이런 조약을 맺고는 서로 호시탐탐 기회를 노리고 있을 때야."

"그럼 백성들도 힘들었겠다."

"맞아. 백성들의 삶은 매우 힘들고 조정이 힘이 없으니 탐관오리들이 넘쳐흘렀지. 그러던 중 동학이란 것이 만들어진단다."

"동학?"

"응, 그때 당시 천주교를 서학이라고 불렀거든, 서쪽의 종교다 이렇게. 동학은 동쪽, 그러니까 우리나라의 종교란 말이야. 최제우라는 사람이 창시해낸 종교인데, 이 종교는 '사람이 곧 하늘이요. 즉, 모든 사람이 평등하다.' 이렇게 말하고 다녔지. 그러다 보니 힘든 백성들이 하나씩 이 종교를 믿기 시작하는 거야. 모든 사람을 평등하게 여기니 얼마나 좋으냐. 동학은 점점 덩치가 커지고 사람들도 많아졌어."

"와~ 모든 사람은 평등하다? 근데 그때 시대면 왕이나 양반들이 가만히 안 두겠는데?"

"이야~ 이제 거기까지 생각하네. 정말 자랑스럽다~ 그래, 맞아. 처음에는 천주교에 대응하는 종교니 많이들 믿어보라 했는데, 이 덩치가 너무 커지니 동학의 교리인 사람이 곧 하늘이라는 말이 어이없을 정도로 싫었지. 그러다 보니 왕실에서는 최제우를 잡아서 백성들을 이상하게 만든다는 죄목으로 죽여버렸어."

"그럼, 바로 끝난 거야?"

"아니지~ 천주교를 그렇게 박해했어도 살아남듯이, 동학도 살아남았어. 2대 교조 최시형이 자리를 넘겨받았고 동학은 더욱더 단단해지고 오히려 조직화하기 시작했어. 그러면서 최제우의 죽음을 억울해하면서 동학을 살리고 우리 교주인 최제우를 죄인 취급하지 말라고 하는 교조신원 운동을 대대적으로 한단다. 오히려 더 불이 지펴진 거지."

"좀 멋있다."

"맞아. 동학이 좀 멋있다고 생각은 들어. 자~ 이제 전봉준이 등장한단다. 1894년! 아빠가 역사 이야기를 해주면서 구체적으로 시대를 이야기해준 것은 처음인 것 같은데 왜인 줄 알아?"

"중요하니까?"

"맞아~ 1894년에서 1895년까지 이 2년은 정말 우리나라의 격변 시기야. 정말 무시무시한 해였어. 그래서 이 시기를 잘 알아두렴. 나중에도 많은 도움이 될 거야. 일단 녹두장군 전봉준의 활약부터 한번 보자. 어느 날 전라도 고부의 한 지방에서 탐관오리가 설쳐대는 거야. 아니 저수지를 파놓고 농사를 지으려면 물세를 내라고 했지."

"어이없네? 저수지가 제 것이야?"

"그래~ 이 녀석이 너무 수탈이 심하니 전봉준의 아버지는 마을 사람들을 대신해서 관청에 찾아갔어. 그놈 이름이 조병갑인데 조병갑은 전봉준의 아버지를 때려죽여 버리지. 이에 분노한 전봉준은 자신이 속한 동학의 농민들을 모아서 고부 관아로 쳐들어가. 전봉준을 필두로 농민들은 고부 관아를 점거하고 조병갑의 횡포를 처벌하고 외국 상인들이 들어오지 말게 할 것을 약속받은 뒤에 해산했단다."

"우와~ 그럼 그런 약속을 다 받아냈으니 이제 편하게 살겠다."

"그럼 참 좋았을 텐데, 나라에서는 약속을 깨버리고 오히려 관련자들을 잡아들이고 동학에 참가한 사람들을 죽여버렸어. 이에 분개한 전봉준은 여기저기로 연락을 취해서 결국 수천 명의 대 군대를 이끌고 다시 일어선단다."

"치사하게 약속을 어긴 거네. 나도 화난다."

"응, 나라에서는 군대를 보냈지만, 상대가 되지 않았어. 전라 삼남 지방을 모두 휩쓸면서 전봉준의 군대는 승리했고 농민군은 전주성을 점거하게 된단다. 자~ 이쯤 되면 또 해야지?"

"뭘?"

"누구한테 도와달라 해야지?"

"아~ 또 청나라? 아~~~ 짜증."

"그래~ 왕실은 청나라에 도움을 요청해. 이 소식을 들은 전봉준은 일단은 여기서 멈추자는 생각을 했어. 왜냐하면, 전주성에서 정부군과 싸움이 치열했기에 농민군이 너무 힘들었던 이유가 있었고, 또 전봉준의 생각은 사실 왕실과 싸우는 것이 능사가 아니라 외국 군대가 들어오는 것을 막는 것이 더 중요하다고 판단했겠지."

"그럼, 이번에는 이긴 거야?"

"응~ 전봉준은 전주화약이라는 것을 정부와 맺고 집강소라는 농민들이 다스리는 기구를 만들어 여태까지 시행해오는 나쁜 일들 12가지를 없애는 조건으로 일종의 화해를 하는 거지. 그리고 동학농민군은 다 흩어진단다."

"이야~~~ 잘되었다."

"그치? 근데 아빠가 톈진조약을 이야기해준 거 기억나? 청나라가 들어오면 일본도 들어온다."

"아~"

"문제는 이때 일본도 같이 상륙해. 그리고는 또 다시 민란이 일어날지도 모른다면서 이리저리 간섭하기 시작하지. 급기야는 김홍집 이 매국노를 중심으로 친일파들을 모은 다음 조선 정부를 개혁하라고 부추겼지. 게다가 6.21에는 경복궁에 쳐들어와서는 고종황제를 감금하고 뒤이어서 6.23에 청일전쟁을 일으킨단다. 청나라와 조선을 두고 둘이서 다투는 거지. 그리고는 억지로 6.25 개화를 해버리지. 이게 갑오개혁이야."

"뭐지? 뭐가 지나간 거야?"

"그래 순식간에. 이놈들 아주 아~ 또 열 받네! 아무튼 이것을 본 전봉준은 어땠을까? 내가 어이가 없는데 오죽했을까?"

"나도 싸울래! 이씨!"

"전봉준은 2차 농민봉기를 시작한단다. 그런데 1차에서는 전라도 지역에서만 일어났던 농민봉기가 충청도, 경상도, 강원도 등 모든 지역에서 농민봉기가 불같이 일어나 바로 항일! 일본에 대한 반감으로 일어난 거지. 반외세 외세척결이라는 구호와 함께 말이야. 정말 치열한 전투였단다. 이때의 우금치 전투는 정말 눈물 없이 볼 수 없지. 끽해봐야 죽창과 칼 낫 등으로 무장한 농민들은 이리 번쩍 저리 번쩍 나타나서 싸우는 것에는 유리했지만 넓은 곳에서 정면으로 싸우면 총으로 무장한 일본군과 정부군을 어떻게 이겨. 여기서 농민군은 모두 패배하고 전봉준은 잡혀서 죽임을 당한단다."

"그런데 아빠, 그 노래는 그럼 무슨 관계가 있는 거야?"

시무룩한 표정으로 딸이 물었다.

"여러 가지 설은 있는데 전봉준이 작고 단단해서 별명이 녹두장군이었어. 파랑새는 파란 군복을 입은 일본군을 뜻하고 그 일본군이 녹두장군 전봉준을 공격하니 창포 장수 그러니까 백성들이 울음을 터뜨린다는 말이지."

"아~ 슬픈 노래네……."

딸은 눈망울을 글썽글썽했다.

"아직 울지 마. 이 것이 우리나라 통한의 역사가 시작이니까. 울기보다는 단단해 져야지. 그치?"

"또 애 울렸니?"

어느새 아내가 와서 빙그레 웃고 있었다.

"엄마, 파랑새노래 알고 있었어? 나 이야기 들었어. 엄청 슬픈 이야기네."

"어머? 우리 딸이 이제 진정으로 그 노래를 알게 되었네, 축하해." 딸을 보며 웃어 보이던 아내의 웃음에 나 역시 빙그레 미소를 지었다.

청송여행

내가 결혼을 하면서 그리고 외가 근처에 살기 시작하면서 외가로 가는 일들이 많아졌고, 때로는 부모님이 2명 더 생긴 것처럼 좋은 기분이 들 때가 있다. 다행히 나의 장모님, 장인어른은 좋으신 분들이라 그분들에게 사랑을 느낄 때가 더 많았다. 이런저런 생각이 들어 그분들에게 조금이라고 보답하고자 여행을 제안하였고 드디어 오늘 여행을 가는 날이었다. 한참을 달리던 중 아버님께서 말씀하셨다.

"이 서방, 저기 저 항일의병기념관 한번 들렀다가 갈까?"

"아, 네. 아버님 좋죠~ 저는 좋은데 장모님 괜찮으세요?"

"좀 쉬고 바람도 쐴 겸 괜찮은 것 같네."

처음에 신나서 할머니 할아버지와 떠들던 딸은 어느새 카시트에 감싸 안긴 채로 잠을 자고 있었다. 차를 세우자 도착했냐며 눈을 비비며 일어났다.

장인어른은 아이를 데리고 이리저리 둘러보시며 딸아이와 놀아주고 있었고 나는 장모님과 아내와 함께 공기를 쐬며 관람할 준비를 하고 있었다.

"서안아, 너 요즘에 아빠한테 역사 배운다며?"

"할아버지가 어떻게 아셨어요?"

"응, 할머니가 알려줬지. 우리 서안이 역사에 대해서 참 잘 안다고."

"네, 배우고 있어요~ 근데 배우기보다는 그냥 이야기만 듣고 있어요."

"사실 할아버지가 우리 여행 오면서 여기에 한번 들르고 싶었어. 그리고 서안이한테 아버지 이야기가 아니고 할아버지 이야기를 들어보는 것도 좋겠다고 생각했지."

"우와~ 그럼 할아버지가 해주시는 거예요?"

"그래~ 할아비가 역사 이야기 해줄게. 서안이 어디까지 알고 있니?"

"음, 아~ 파랑새 녹두장군!"

"오~ 생각보다 많이 알고 있구나, 그럼 이렇게 왜 항일운동이 일어나게 되었는지 이 할아비가 설명해 주마."

나도 아버님 뒤에서 이야기를 들으며 따라나섰다.

"동학농민운동이 일어나고 나서 우리는 개혁을 시작해. 청일전쟁으로 일본이 승리한 뒤에는 우리나라에 친일파를 만들고 본격적으로 궁궐을 장악해 들어가지."

"나 알아요. 김홍집!"

"맞아! 잘 아네. 물론 고종황제께서도 이제는 개혁해야 한다고 생각했지. 그러나 이 개혁은 주로 일본에 의해서 일어난 개혁이란다. 갑오년에 일어난 개혁 바로 갑오개혁이지. 일단 갑오개혁은 아주 좋은 취지였어. 동학농민운동 때 폐정개혁을 요청했던 것들이 잘 반영되었어. 정말 좋은 개혁이었지. 홍범 14조라는 것을 발표했는데 내용이 참 좋아."

"어떤 내용인데요?"

"음, 청나라와 완전히 연을 끊고 자주독립한다. 납세를 법으로 정한다. 신분을 폐지한다. 노예를 사고팔지 않는다. 인재를 고르게 등용한다. 파격적인 내용이지. 결국, 양반은 없어졌고 백성들이 그렇게 외쳤던 평등사상이 드디어 이루어졌단다. 그리고 이때부터 오직 한글만 사용했어."

"와~ 엄청 좋은 거네요. 그렇게 보면 일본이 나쁜 일만 한 것이 아니네요?"

"그런가? 일본의 메이지유신이라고 아니?"

"네, 알아요."

"정말 대단하구나. 이서방이 참 잘 가르쳤네?"

아버님이 나를 보며 말씀하셨다.

"서안이가 잘 기억하는 거죠." 나는 너스레를 떨었다.

"그 메이지유신과 아주 똑같이 만들었지. 그리고 정작 중요한 토지나 군사에 대하여는 일절 개혁하지 않았어. 그 이유가 뭔 줄 아니?"

"우리나라 빼앗으려고요?"

"맞아, 군사가 잘 정비되면 나중에 힘으로도 빼앗기 힘들 것이고 토지는 나중에 이 나라를 차지하면 일본인들이 땅을 가지고 가야 하는데 오히려 지금처럼 엉망인 것이 나중에 빼앗기에 더 유리했기 때문이야."

"아무튼, 엉큼한 것 같아요. 일본은 듣다 보면 화나요."

"그래 좀 그렇지? 음, 아무튼 이 개혁은 3번에 걸쳐서 차례대로 이루어지게 되고 드디어 우리나라도 여러 가지 문물을 받아들이고 양반이나 천민이나 다 같이 어울려 살게 된 것은 확실하단다. 지금처럼 말이다. 그런데 다른 면으로 보자면 이 신분제도 때문에 힘 있는 양반들이 일본에 대항하고 있었지. 그런데 일본은 이 신분제도를 없애면서 힘 있는 사람들을 없애버리려는 생각도 있었지. 아무튼, 우리나라는 개혁을 했고, 개화도 했지."

"할아버지. 아빠 이야기 들어오면서 흥선대원군의 쇄국정책부터 개화 때까지 참 힘들게 한 것 같아요."

"그러겠다. 큰일을 하려면 아무래도 많은 힘이 들겠지. 그런데 이 중에 어이없던 것은 무엇일까? 물론 친일내각에 김홍집 등 친일파도 있었지만, 일본이 내세운 사람은 바로 흥선대원군이란다."

"네? 정말요? 그때 청나라로 끌려갔다고 들었는데?"

딸아이는 정말 놀란 듯이 소리쳤다.

"그래, 놀랐지? 이때의 흥선대원군은 정말 이빨 빠진 호랑이였을 거야. 그런 것을 보면 일본이 얼마나 우리 조정에 깊숙이 들어와 있는 줄 알겠지?"

"와~ 그럼 이때부터 거의 일본이 다 장악하고 있었던 거네요."

"그래, 그런데 이것을 그냥 보고 있을 수는 없었지. 눈치가 빠른 명성황후는 이제 러시아에 손을 뻗는단다. 일본은 어이가 없었지. 중국을 물리치고 드디어 조선을 삼킬 수 있는데, 뜬금없이 러시아가 들어온 거야. 게

다가 러시아는 프랑스 독일과 함께 일본을 압박했어. 이 세 나라가 압박을 하니 일본은 다급해졌어. 명성황후는 이 기회를 놓치지 않았어. 개혁되었던 것을 다시 되돌리고 일본 교관이 훈련한 군대를 해산하고자 했단다."

"아~ 그러고 보면 명성황후는 원래 일본하고는 별로 안 친했던 거 같아요. 청나라랑 맨날 지냈지."

"그래, 맞아. 그런데 청나라가 무너지자 러시아의 힘을 빌리려고 했던 거야. 생각은 잘 맞아떨어졌지. 그리고 친일파도 점점 그 세력을 잃어 갔어. 일본은 두고 볼 수 없었던 거야. 그리고 모두가 잠든 밤 여우 사냥을 시작한단다."

"여우 사냥? 갑자기 여우 사냥해요?"

"명성황후를 죽이려는 작전을 여우 사냥이라고 해."

내가 잠시 끼어들어 말했다.

"네? 우리나라 왕비를 죽인다고요?"

"그렇단다. 일본은 나중에 문제가 될 수도 있으니 그냥 길거리의 사무라이 낭인들을 모아서 몰래 궁궐로 잠입한단다. 그런데 궁궐로 잠입할 때 혹시나 모를 의심을 피하고자 흥선대원군의 가마를 호위한다는 명목으로 궁궐로 무사히 들어가지."

"어…. 어…. 그러면 안 되는데…"

"그래, 이렇게 들어간 무사들은 칼을 빼 들었어. 갑자기 들어온 적들에게 맞서서 훈련대장들이 막아섰으나 목숨을 잃고 말았어. 적들은 강력한 무기를 앞세워서 밀고 들어왔단다. 이들은 나중의 일을 생각해서 민간인처럼 꾸미고서 말이다. 그리고는 몇몇은 궁궐 안채로 들어가 왕과 왕태자를 칼로 위협하여 움직이지 못하게 하였고, 명성황후의 처소로 들어가서 왕후를 찾기 시작했지. 명성황후는 급보를 받고 뜰 아래로 뛰쳐 내려갔단다, 그러나 일본 놈들에게 잡히고 말지. 일본 놈들은 명성황후를 막아서는 이경직의 양팔을 잘라버리고 명성황후를 칼로 수십 번 내리친단다. 그리고 실수가 없기 위해서 명성황후와 비슷하게 생긴 궁녀들도 잡아서 죽여버리는 잔인한 짓을 저지른단다. 그리고는 강도의 소행인 양 왕후의 침실을 약탈하고 도망친단다."

"아, 뭐 한 거예요? 우리나라 군인들은?"

"그러게다 말이다. 그렇게 국모가 시해당하는 사건이 일어난단다. 이 사건으로 인해서 항일감정은 지금의 우리 서안이처럼 극에 달한단다."

"그리고 단발령도 내려."

"그건 또 뭐야?"

"머리카락을 잘라라는 거지. 옛날 우리나라 사람들은 머리를 상투 틀고 다녔잖아. 근데 그것을 자르라는 거지. 신체발부수지부모라하여서 부모에게 물려주신 것을 소중히 여기는 우리 민족에게 엄청난 일이었어."

"그래, 맞다. 아빠가 일러주듯이 머리는 잘라도 머리카락은 자르지 못한다고 하면서 전국의 유생들, 이소응과 유인석을 필두로 전국각지에서 대규모의병이 일어난단다. 일본을 타도하고자 하였지. 우리나라 민중들이 이를 그냥 볼 수 없었던 거야."

"그럼 왕은? 고종은? 아내가 죽었는데?"

"고종황제는 일본의 위협을 벗어나기 위해서 러시아공사관으로 피신하는 데 이를 아관파천이라고 해. 도망간 거지. 그러면서 민중들에게 이만하면 되었으니 해산하라고 하지. 그렇게 을미의병은 그래도 왕의 말을 따른단다."

"아…. 정말…. 뭐라 할 말이 없어요. 할아버지."

"그래, 왕이 러시아에 숨었으니 이제 어찌 될까? 러시아가 이번에는 간섭하기 시작한단다."

"참, 놀랍지도 않아요. 하도 다른 나라들이 들어와서."

"그래, 이렇게 우리는 나라를 빼앗겨 갔던 거란다. 그것을 저지하고 다시금 일어서기 위해 노력했던 분들이 이곳에 묻혀있는 거지."

"대단하신 분들이구나."

"여보~ 인제 그만 가자고 하시는데?"

"응~ 아버님 이제 가실까요? 이제 호텔이 코앞에 있어서 얼마 안 걸릴 거예요."

"그래, 그러자꾸나."

딸아이를 교육하면서 어쩌면 주변의 모든 사람이 변하고 있다는 것을 느꼈다. 원래 다른 쪽으로 관심이 많으셨던 장인어른이지만 이렇게 자신의 손자를 위해 공부하고 계신 사실이 실로 놀랍고 존경스러웠다.

시일야방성대곡

"아빠, 저게 무슨 말이야?"

공원으로 가던 도중 딸아이가 플래카드를 보고 물었다.

"아~ 이런, 참 이걸 또 정치적으로 다들 이용하는 구나. 별로 보기는 안 좋다. 시일야방성대곡 이날을 밤새워 목놓아 울음을 터뜨린다는 말이야."

"엄청 슬픈 일 있나 봐~"

"그러게, 그런가 보다. 이건 우리나라가 을사늑약을 맺을 때 장지연이라는 사람이 황성신문에다가 쓴 사설의 제목이야. 우리나라를 빼앗긴 날, 이날을 목놓아 통곡한다는 의미야. 아주 비장한 글이었는데 지금은 저렇게 사용되는 게 아빠 개인적으로는 보기 좋지는 않네."

"드디어 나라를 빼앗긴 거야.?"

"그래~ 그 이야기 해줘야지. 저번에 할아버지하고 청송 갔을 때 할아버지가 다 이야기 해주시려 했지만 아마 시간이 없으셨던 것 같아. 아빠가 마침내 우리나라가 일본에 넘어간 이 사건을 이야기 해줄게."

"왠지 너무 기운 빠진다."

"그래도 들어봐야지. 때는 1904년 러시아와 일본이 우리나라의 주도권을 가지고 전쟁을 한단다. 러시아는 만주 쪽을 점령하고 우리나라에 대한 주도권을 가지고 오려는 심산이었지. 그리고 고종이 아관파천으로 러시아에 기대어 있으면서 사실상 러시아에 이 주도권을 넘겨주게 생긴 거지. 일본은 화가 머리끝까지 났지. 명성황후를 죽이고 청일전쟁하면서 수많은 목숨을 바쳐서 우리나라를 가져오려고 했는데 러시아가 중간에서 이득을 취하고 있으니까."

"뭐, 일본 처지에서 보면 그럴 수도 있겠다. 근데 애초에 우리 땅인데 지네들이 가지고 싶어서 난리 치다가 그렇게 된 건데 뭐~"

"맞아. 지나친 욕심이 화를 부른 것뿐이지. 어찌 되었든 일본은 이대로 물러날 수 없었어. 그래서 러시아에 전쟁을 선포한단다. 양측의 군대는 비슷비슷했어. 정말 엄청난 인원이 죽었지. 러일전쟁은 치열하게 전개되었단다. 그런데, 뭐 결국 일본이 이겨."

"일본이 그렇게 강했던 거야?"

"꼭 그렇게 보기는 힘들고 일단 영국과 미국이 일본을 응원했지. 돈도 주고 무기도 주고 등등 사실 이때의 영국과 미국은 일본에 힘을 실어주고 러시아를 견제하려고 했던 것 같아. 러시아는 프랑스와 독일 등이 응원했지만 미국이 간섭하기 시작하자. 프랑스와 독일이 발을 빼버려 우리는 중립을 선언합니다. 이렇게."

"중립이 뭐야?"

"이쪽 편도 저쪽 편도 아닙니다, 하는 거지."

"그렇구나."

"그래, 결국 영국과 미국의 지원을 받은 일본이 이 전쟁에서 승리한단다. 미국은 일본과 러시아가 인제 그만 싸우고 러시아는 그냥 일본이 조선의 권리를 가지는데 동의하라고 설득해. 그리고 그것을 인정하는 약속 포츠머츠강화조약을 맺게 하지. 그렇게 해놓고 미국과 일본은 우리나라도 러시아도 모르게 하나의 조약을 더 맺어. 그게 가쓰라-태프트 밀약이야."

"비밀약속 같은 거야?"

"그래, 세상에 공개하지 않고 자기네들끼리 서로 조용히 약속하는 거지. 이 내용이 미국이 필리핀을 지배할 테니 일본이 조선을 지배하고 서로 눈감아주자 이런 내용이야."

"그런 게 어디 있어!"

"사실, 이 가쓰라-테프트 밀약은 밀약이 아니었다는 말도 있지만, 어쨌든 서로의 지배권을 인정하자는 내용은 우리로서는 받아들일 수 없는 내용이야."

"어머나!"

"뭐~ 그때는 그랬다는 거야. 흥분하지 마~ 역사야. 일본은 이제 이토히로부미라는 사람을 보내. 이토는 고종황제에게 하나의 문서를 내놓는단다. 이것에 사인하시오."

"건방진! 황제한테 감히…."

"그래, 이 건방진 이토는 일왕이 작성한 조약을 내놓아. 바로 을사늑약이란다. 우리나라의 외교권을 넘기고 일본에 보호를 받는다는 내용이었지. 서안아 외교권이 뭐야?"

"나라끼리 이야기하고 또 약속하고 하는 거?"

"맞아. 그런데 그 약속할 수 있는 것을 일본이 모두 하겠다는 거야. 이건 이제 우리나라는 없는 거야. 자기네들이 마음대로 하겠다는 거지. 일본이 갑자기 미국아 우리가 보니까 너희 고생했는데 조선 땅에 나는 쌀다 줄게. 그럼 그냥 주는 거야. 이게 무슨! 어이없는 조약이야. 그렇지 않아?"

"맞아, 건방진~!! 그래서 고종이 거기에 사인했어?"

"아니지. 아니지. 고종황제는 그럴 수 없었어. 나라를 자기 손으로 어떻게 넘겨. 아무리 고종황제가 유약하더라도 이런 풍파를 겪으면서 백성들까지 팔아넘길 수 없었어. 황제잖아. 이 얼마나 큰 굴욕이야. 고종황제는 이토를 돌려보내. 이토는 여러 번 고종황제에게 사인하라고 강요하지. 고종은 절대 하지 않아."

"아~ 우리…황제……."

"그러게 어휴…. 3번이나 거절당한 이토는 그냥 대신들만 불러모아. 그리고 그 자리에서 조약을 체결할 것을 강요하지. 주위에는 군대를 둘러싸고 말이야. 이때 민영기와 한규설은 절대 반대 그리고 박제순 이지용 이근택 이완용 권중현 이 5명은 조약에 체결에 동의한단다. 한규설은 이 사실을 고종황제에게 알리려고 울부짖으며 뛰어가다가 도중에 피를 토하고 쓰러졌다고 하는구나. 다음날 이토는 찬성하는 사람들만 모아서 조약을 약간 수정하고 바로 그 5명에게 조약의 사인을 받는단다. 이를 동의한 5명이 을사오적이야. 국민의 역적. 국적이야!!"

"이~ 나쁜 놈들…."

"근데 이 조약 무효야!"

"왜?"

"고종의 사인이 없잖아. 국제법상 황제의 승인 없으면 무효야. 고종께서는 이 조약에 사인한 적도 없고 국새라고 해서 나라의 도장을 찍은 적도 없어. 그래서 이 조약은 무효야."

"근데 아빠 무효가 뭐야?"

"원래부터 이 조약은 없던 거란 거지. 무엇인가를 강제하는 것을 효력이라고 하는데 이것은 그 효력이 처음부터 없다는 뜻이야."

"그럼 아무것도 없는데 우리나라를 왜 지배해?"

"그래, 그 생각이 나와야 해. 일본은 불법으로 우리나라를 점령한 거야. 말 그대로 불!법!이야! 이거 정식으로 국제 재판소에서 재판받고 일본에 배상을 받아야 한다는 것이 아빠 생각인데 아무것도 안 하는 이런 정…. 아! 미안" 멍하니 내 표정을 보고 있던 딸아이를 보고 얼른 정신을 차렸다.

"워워, 진정해 아빠. 흥분쟁이네."

"그래, 어쨌든 이 나라를 팔아먹은 5인 덕분에 우리는 30년이 넘는 시간 동안 일제에 갖은 수탈과 핍박을 받고 경제적으로 엄청난 수탈을 당했고, 우리나라의 꽃다운 여성들을 잃고, 젊은이들 나라를 되찾기 위하여 뜨거운 피를 흘린 것이란다. 이렇게 우리나라를 빼앗긴 거야."

“아~ 이제 알 것 같아. 이제 역사가 흘러가는 게 완벽시 눈에 보여.”

“그래 우리나라는 세도정치로 썩었고 흥선대원군의 쇄국정책은 결국 우리나라를 지키기보다는 허약하게 만드는 데 일조했으며, 자신의 힘을 기르지 않고 외세의 힘에만 기대려고 생각하면서 본인들의 잇속만 챙기고자 했던 그러한 정신들이 이 나라를 병들게 했던 거야. 그게 우리가 나라를 빼앗긴 이유라는 거지. 다른 데 그 이유를 찾을 게 아니야. 모든 문제는 우리 내부에서 발생했던 거야.”

“그럼 그때 많은 사람이 목놓아 울었다는 거네. 시일야방성대곡.”

“그래, 맞아. 이날 우리는 목놓아 밤새도록 울었단다. 하지만 그게 끝은 아니야. 이제부터 우리나라를 되찾기 위해서 목숨을 버린 애국지사들이 등장한단다. 사실 이 애국지사들에 대해서는 아빠가 따로 이야기를 해줄 건데, 중요한 인물 중 한사람을 이야기해줄게. 을사늑약이 체결되는 것을 보고 이토를 처단해야 하겠다는 사람이 나타났어.”

“누구”

“토마스~! 응칠~! 도마 안중근이야.”

“안…중근…아~! 안중근은 애국~!”

“맞아. 안중근 의사는 이토를 러시아 하얼빈역에서 권총으로 사살하지. 우리나라의 국적 원수를 처단했던 거야. 예전에 아빠는 안중근 평전이라는 책을 읽고 밤새 잠을 못 잤었어. 그 사람의 위대한 정신과 그리고 나라에 대한 충성 마지막으로 민중을 사랑하는 마음에 감동 받아서.”

“대단한 사람이구나.”

“잠깐 이야기해 볼까? 안중근 의사는 나름 풍족한 집에서 태어났어.

어릴 때 공부도 잘했지만, 사냥을 매우 좋아했데. 그래서 총을 아주 잘 쐈다고 하더라고. 권총이란 것이 상당히 쏘기 힘든 것이거든. 목표물을 맞히기가 힘든데, 이토를 한 방에 죽인 것을 보면 어릴 때부터 해오던 사냥이 도움이 많이 되었다고 볼 수 있지. 안중근 의사는 동학농민운동이 일어났을 때 동학농민운동을 저지하기도 하였단다."

"응? 그건 좀 이상한데? 왜?"

"아빠도 처음에는 좀 의아해했지만, 사실을 알고 나면 좀 달라. 동학농민운동은 정부군과 싸우고 일본군과 싸운 것이 맞지만 농민들이 봉기하면서 기존의 양반들을 닥치는 대로 죽이고 파괴하기도 하였어. 그러다 보니 본인 마을이 파괴되고 사람들이 죽고 하자 사병을 조직해서 동학농민군에 맞서기도 했어. 그리고 엄연히 따지면 동학농민군은 정부의 적이었으니까. 안중근으로서는 나라에 반대되는 역적을 처단했다고 볼 수 있지."

"그래도 좀… 같이 싸우면 더 좋았을 걸…"

"우리 서안이는 동학농민운동을 상당히 좋게 보는구나."

"좋은 일이라고 생각했거든."

"맞아, 서로 생각이 달랐다고 생각하면 되는 문제야. 심각한 것은 아니니까. 어찌 되었든 안중근은 을사늑약이 체결되는 것을 보고 본인의 재산을 모두 정리해서 학교를 세우고 사람들을 가르치면서 힘을 길렀지. 그렇게 사람들을 교육하면 나라를 세우는 데 큰 힘이 될 줄 알았어. 그러나 아니었어. 나라는 더욱더 힘들어졌고 결코 정상적인 방법으로는 일어설 수 없이 보이자, 그는 연해주 지금의 러시아 지역인데 그쪽으로 건너

가서 무장투쟁에 들어간단다. 총 칼을 들고 일본과 싸우는 거지. 대한의 군참모중장으로서 일본군과 격전을 벌이지. 그러나 쉽지는 않았어."

"왜 쉽지가 않아?"

"개인적인 힘만으로 어쩔 수 없을 정도의 전력이니 우리가 꿀벌이라고 한다면 적은 말벌이라고 보면 돼. 그 정도로 격차가 심하지."

"안타깝다."

"그래, 이 과정에서 정말 많은 젊은이가 죽어 나가. 이제 안중근은 동이 단지회를 결성한단다. 1909년 11명은 손가락을 잘라 목숨을 걸 것을 약속한 다음에 본인의 동지 우덕순과 이토를 처단하기 위하여 하얼빈으로 향한단다."

"손가락을 왜 잘랐어?"

"결의야. 목숨을 걸겠다는 표시를 정말 강경하게 나타낸 거지. 목숨을 걸 것인데, 이까짓 손가락은 없어도 된다. 나는 어차피 죽을 것으로 앞으로 살아가지 않을 것이니 임무를 완수하고 죽겠다는 결의 인 거야."

"아~ 마음이 이상해…."

"그래~ 그 정도의 결의 없이 이런 일은 하지 못하는 거야. 죽고 싶은 사람은 없어. 근데 자신을 나라를 위하여 버리겠다는 거지. 마침 하얼빈역에 이토가 도착했을 때 천운이 따랐단다. 러시아 군사들을 배치했는데 일반 사람들도 모두 구경해야 하니 군사들을 좀 빼고 검색도 그렇게 심하지 않았던 거지."

"긴장된다."

"긴장하고 들어봐." 나는 목소리를 낮췄다.

"안중근의사은 조용히 사람들 사이로 스며든단다. 그리고 하얼빈역에서 사람들이 내리는 것을 보고 주머니 속 총을 조용히 준비하지. 안중근의사는 이토 히로부미의 얼굴을 정확히 몰랐어. 그래서 이토라고 예상되는 사람 쪽으로 다가갔지. 혹시나 실패할지도 모르는 불안감을 억누르고 갑작스럽게 튀어 나간단다. 그리고는 그쪽에 서 있던 세 명을 포함하여 이토 히로부미를 저격한단다. 탕탕탕탕~!! 총 네발은 정확하게 목표물로 날아들었고 이토 히로부미는 그곳에서 바로 죽어."

"으~헉~!"

"숨 쉬어 숨~ 흐흐, 일본 측 기록은 이토 히로부미를 영웅으로 만들기 위하여 저격당한 직후 기차로 옮겨져서 나라의 안위를 걱정하고 등등 이야기하나 아니~ 그냥 그 자리에서 죽어. 이게 진실이야. 이 이야기의 주인공은 안중근 의사야. 국적 이토 히로부미가 아니라는 거야. 항간에는 이토가 우리나라를 지배하는 것을 반대했다고 하는데 아니~!!! 그것도 아니야. 아직도 그딴 책을 집필하는~! 이토는 그냥 점차 잡아먹으면서 조금 더 잘 지배하고자 했을 뿐 말도 안 되는 말이고 을사늑약을 강요한 것은 명확히 이토 히로부미야~!"

"아빠 오늘따라 많이 흥분하네. 완전 흥분쟁이 같아."

"크흠~~~ 일단 진정하고 안중근 의사는 그 자리에서 체포당했어. 사실 도망갈 생각도 하지 않으셨어."

"아~ 왜! 도망가서 살아야지."

"잘못한 게 있어야 도망가지? 국적을 처단했는데 이게 잘못이야? 나는 떳떳하다는 것이었어. 그리고 재판장에서도 똑같이 말씀하신단다. 하얼빈역에서 도망가지 않고 코레아 우라! 대한민국 만세! 를 외친 안중근 의사는 재판장에서도 이토를 죽인 15가지 이유를 열거하며 본인은 전쟁을 하고 있는 일본의 전쟁포로이지 이토를 죽인 살인자가 아니라고 이야기했지. 안중근의 이야기가 어찌나 논리 정연했던지 이후 일본은 재판장소를 중국으로 옮기면서 다른 사람이 들어올 수 없게 비공개 재판을 시행하고 사형을 선고해."

"죽은 거야?"

"응, 안중근 의사는 뤼순 감옥에서 마침내 돌아가셔. 돌아가시기 직전까지 동양 평화론과 본인의 자서전인 안응칠 역사를 집필하고 돌아가신단다. 이 중에 동양 평화론은 아직도 원본을 찾지 못하고 있어. 돌아가시기 직전까지 동야의 평화를 걱정하셨던 거지."

"안타까워…."

"깜짝 놀란 일본은 이대로 가다가 조선을 완전히 장악하기 힘들겠다 싶어서 이완용 등을 앞세워서 합일병합조약을 체결한단다. 이것 또한 조작된 가짜지만 어쨌든 우리나라는 일본에 완전히 정말 완전히 넘어가고 말아."

"아, 많은 사람이 많은 희생을 했구나. 안중근 의사는 엄마나 아기가 없었어?"

"왜?"

"엄마나 가족이 있으면 그렇게 떠날 때 어쩌려고 그러는 거야. 가족은 어찌하라고?"

"안중근 의사는 가족이 당연히 있었지. 안응칠 역사에서 보면 아내와 아이에 대한 그리움이 나타내 있고 동생들에게 보내는 편지도 담겨 있어. 그리고 어머니 조마리아 여사의 이야기도 아주 대단하지.”

“어떤 이야기인데?”

“안중근 의사가 사형을 선고받고 이것은 불합리하다고 다시 재판을 열어달라고 일본에 요청할 때였어. 이것을 항소라고 하는데 그때 조마리아 여사는 아들에게 아들이 죽을 때 입는 수의라는 옷과 함께 이런 편지를 보낸단다.

‘네가 항소를 하고자 한다면 그것은 일제에 목숨을 구걸하는 짓이다. 네가 나라를 위해 이렇게 되었는데 다른 마음먹지 말고 그냥 죽으라. 옳은 일을 하고 그렇게 되는 것이니 비겁하게 삶을 구하지 말고 대의에 죽는 것이 어미에 대한 효도다.’ ”

“자기 아들에게 그 이야기를 하는 엄마의 마음을 이해하겠니?”

“꺼이꺼이~”

“아~ 요즘 애 자꾸 울리네.”

“어? 너도 우는구먼~”

“아~ 슬프잖아~ 서안아 이리와~ 엄마랑 안고 가자.”

두 사람의 뒷모습을 보면서 이 이야기를 듣고 눈물 흘리지 않은 사람이 있을까 생각 들었다. 구국의 영웅이자 나라를 구하고자 했던, 멀리 나아가 동양의 평화를 구하고자 했던 안중근의사의 높은 뜻을 모든 대한민국 사람들이 가슴에 묻길 바라보았고, 먼 훗날 내 딸아이가 안중근평전을 읽어 보며 나라를 사랑하는 마음을 가지게 되길 또한 바라보았다.

조선 독립 만세

벼르고 벼르던 일이다. 결국, 우리는 천안 독립기념관에 오고야 말았다. 우리나라의 모든 전쟁의 역사를 볼 수 있고, 독립의 기록들이 담겨 있는 이곳에 오기 위하여 정말 많이 미루어 왔었다. 사실 이곳을 오기 전에 딸아이에게 거의 모든 역사를 가르쳐 주고 싶었고, 그리고 독립운동의 중요한 부분을 확인할 때 이곳을 오고 싶었다. 딸아이는 이리저리 구경하면서 나에게 배웠던 역사적 사실들을 검증하였고 디오라마를 보면서는 이제 완전히 이해가 간다며 팔짝팔짝 뛰어댔다. 우리는 독립기념관을 방문하기 전에 먼저 유관순 생가를 방문하였고 그곳에서 3.1운동의 역사를 알려주게 되었다.

"아빠, 근데 왜 독립기념관 먼저 안 가고 유관순 언니 생가부터 온 거야?"

"우리 꼬마 손님이 궁금한가 보네요. 어디서 오셨어요?"

"저희 울산에서 왔습니다."

"멀리서 오셨네요. 공주님 유관순은 3.1운동을 이끈 분 중 하나랍니다. 여기 천안에 오면 독립기념관을 보기 전에 그곳에 들러서 유관순을 먼저 만나고 가는 게 좋아요. 거리상으로도 먼저 들리는 게 나중에 오기 좋아서 그런 거예요."

"아, 감사합니다."

독립기념관이 있는 지역답게 택시기사 아저씨는 매우 친절하게 딸에게 알려주었다.

"자~ 다 왔습니다. 우리 공주님 천안에서 많이 배우고 가세요. 이건 서비스."

택시기사 아저씨는 사탕을 주면서 말씀하셨고 우리는 천안택시 참 친절하다니 하면서 유관순 열사의 생가로 향했다.

"아빠, 근데 3.1운동은 도대체 뭐야? 무슨 운동인 거야?"

"아~ 동학농민운동처럼 뭔가를 이루기 위해서 많은 사람이 함께 움직인 일. 그것을 운동이라고 하는 것인데, 이 3.1운동은 정말 많은 의미를 가져. 정말 대단한 운동이지."

"저기로 가서 한번 살펴보자."

"우와, 초가집들이네."

"응~ 아마도 유관순 열사의 생가를 복원해 놓은 것 같은데, 아빠도 여긴 처음 와보네. 잘 복원되어 있네."

"아빠 3.1운동은 왜 3.1이야?"

"그래~ 한번 걸어보면서 3.1운동에 대해서 말해 줄게. 일단 3.1운동은 3월1일에 일어난 전국적인 만세운동이야. 일반 시민들이 거리로 쏟아져 나와서 태극기만을 들고 만세를 외치지. 이때 우리나라는 일본의 억압을 당하고 있었던 중이었어. 일본은 군대와 경찰을 동원해서 태극기만을 든 시민들을 학살했고, 많은 사람이 잡혀가고 또 죽었단다. 그 대단한 운동을 3.1운동이라고 하지."

"우리도 싸우면 되잖아. 왜 안 싸우고 그냥 죽은 거야?"

"다소 복잡할 수 있는데, 이것은 우리의 의지를 보여 주기 위한 것이야. 일본이 총칼로 맞선다고 해서 우리가 총칼로 같이 죽인다? 그럼 똑같은 사람이 되는 거잖아. 우리는 평화적으로 이 독립을 이루길 원하며, 너희들이 어떠한 학살을 강행해도 절대 우리 민족은 꺾이지 않는다는 의지를 전 세계에 알린 것이야. 그리고 이 운동은 그야말로 세계사에 길이 남는 역사가 돼. 그 한가운데 서 있던 사람이 바로 유관순 열사였지."

"그래도 싸웠으면 좀 덜 죽었을 것 같은데…."

"그럴 수 있지. 하지만 솔직히 일반 백성들이 일본의 총칼과 맞서는 것도 힘들지 않았을까?"

"그렇긴 하지만…."

"이 3.1운동을 자세히 알면 왜 그렇게 했는지 알 거야. 때는 우리가 일본에 많은 억압을 당하고 있을 때였어. 교사들까지 칼을 차고 학생들을 가르쳤어. 선생님이 학생들을 가르칠 때 칼을 차고 강압적으로 가르쳤다는 말이지. 실로 무시무시한 강압이었단다. 조선사람들은 일본사람에게 말만 잘못해도 일본인들은 조선인들을 잡아들였고, 특별한 이유 없이 일본인들이 조선사람을 죽여도 아무 말도 못 했지. 게다가 일본은 본인들 나라에 쌀이 없어지자 조선에서 쌀을 가지고 가버렸고 백성들은 쫄쫄 굶었지. 그리고 헌병이라고 해서 군인들이 돌아다니면서 말 안 듣는 사람들 불만 가진 사람들을 모조리 잡아다가 고문하고 죽이는 일을 서슴지 않았어. 그래서 독립운동을 하는 사람들은 이를 피해서 러시아 연해주라든지 중국의 상해로 떠나서 그곳에서 독립운동을 했지."

"나라 밖에서 독립운동을 하기에는 힘들지 않아?"

"그렇긴 하지만 워낙 탄압이 심했거든. 어찌 되었든 3.1운동이 시작된 이야기를 해보자. 우리 독립운동가 중에 여운형이라는 사람이 있어. 김구 선생과 맞먹는 대단한 인물인데 이 여운형의 신한청년단은 어느 날 뉴스를 본단다. 민족자결주의~! 만국 평화회의~!"

"그게 뭐야?"

"세계적인 전쟁이 끝나고 미국의 대통령이 말한 것인데 한 민족의 운명은 스스로 결정한다는 내용으로 즉, 열강의 제국주의를 없애고 스스로 독립을 쟁취할 수 있도록 길을 열자는 내용이야. 여운형과 신한청년당은 무릎을 '탁' 쳤지. 이 내용의 회의가 나중에 열릴 건데 그때 우리 민족의 사람을 보내서 회의에 참석하여 세계 여러 나라에 지금의 상황을 알리고 우리의 독립 의지를 보여 주자~!!"

"근데 회의라면 그곳으로 그냥 가면 되지. 뭐 결심까지 해야 해?"

"일본이 막고 있으니까. 그리고 아주 작은 나라에서 와서 우리 독립할 거예요! 이야기 해봐야 아~ 그래? 이러고 말겠지? 게다가 회의에 참석

시켜주지도 않아."

"아~ 워낙 힘이 없으니까. 나라도 없는 데 뭐, 그렇겠다."

"그래서 여운형과 독립운동가들은 3.1운동을 계획한단다. '이러한 대대적인 운동이 있으니 알아봐 달라. 이 정도인데도 모른 척 할 거냐?' 이런 것을 보여주기 위해서였어. 비밀스러운 작전은 진행되었지. 그러던 중 고종이 승하한단다."

"응? 왕이?"

"응, 고종은 이미 왕지리에서 물러나서 일본이 억지로 순종을 앉혀서 있는 상태였지만 미우던 고우던 우리나라 황제였고 마지막으로 인정한 황제였어. 백성들은 슬픔에 빠지지. 더군다나 고종은 굉장히 건강했어. 그러니 일본이 죽였니. 이완용이 독살했니 하는 소문들이 나기 시작했지. 백성들이 어떻겠어?"

"아! 다 진짜~~~!!"

"그래~~~ 아~~진짜~ 이 일본 놈들~~~! 하겠지? 계획적으로 움직이던 신한청년단의 독립운동가들은 일본 유학 중이던 학생들을 필두로 먼저 만세운동을 계획하지. 그리고 2.8 독립선언을 일본 한복판에서 해버린 거야. 난리가 났지. 일본은 이 소식이 퍼지기 전에 막으려고 했지만, 독립선언을 한 송계백은 이 소식을 국내로 알리기 위하여 목숨을 건 탈출을 시도한단다."

"근데 왜 일본이 그 소식을 막으려고 하는 거야?"

"소문이 나면 국내에서도 사람들이 크게 들고 일어날까 봐 두려웠던 거지. 죽을 고비를 몇 번 넘기며 국내로 들어온 송계백은 이 소식을 최린이라는 독립운동가에게 전달했고 최린은 손병희, 한용운 등 천도교, 불교, 천주교 등의 종교 지도자들을 연계해서 마침내 조용히 이 일을 추진시킨단다. 그리고 독립선언서를 인쇄하고 이 일을 들은 학생들은 몰래 태극기를 그리기 시작하면서 3.1운동을 준비하는 사람들이 늘어났지."

"근데 왜 3.1일이야?"

"이 때가 고종황제의 장례식이 있는 날이었거든. 정확히는 3.3이 장례식이지만, 그때는 일본이 엄청 경비를 삼엄히 할테니 일본의 허를 찌르려 했던 거야. 이때 유관순 열사도 학교의 학생들을 모집하고 만세를 부르기로 하지."

"엥? 학생이었어?"

"응. 유관순 열사가 만세를 부를 당시 17살이었어. 겨우 고등학교 1학년, 일본의 유학생들도 겨우 18~20살 정도의 학생이었어. 이때의 3.1운동은 정말 학생들의 도움 없이는 발생할 수 없는 일이었지. 자~ 이제 준비는 완료되었어. 독립선언문도 인쇄했어. 그런데 이 독립선언문을 일본의 앞잡이 조선인 경찰에게 들킨단다~!"

"헉~! 어떻게…."

"하지만 최린은 신철이라는 조선인 경찰에게 '당신이 조선인이라면 단 몇 일간 입을 다물어 달라' 고 하지. 신철도 비록 일본의 앞잡이였으나, 대한의 사람이었지. 신철은 이 사실을 숨겼고, 독립운동가들은 위기를 넘겼어. 그리고 마침내 그날이 온단다. 서울 파고다 공원 앞에 모인 수천의 군중들 앞에 민족대표 33인은 독립선언문을 읽고 마침내 만세운동을 하기로 해. 그런데~"

"불안하게 왜 그런데야~."

"그런데~ 약속한 시각이 되어도 이들은 나타나지 않아. 학생대표들은 초조해 졌지. 그리고 민중들도 초조해지기는 마찬가지였어. 한편 나타나지 않은 민족대표 33인은 군중들이 모여 있을 때 독립선언문을 읽고 만세운동을 하면 자칫 폭력시위로 번질 수 있다고 하면서 태화루라는 식당에 모여 독립선언문을 읽고 경찰에 자수해."

"뭐야? 같이 안 한 거야?"

"응~ 이것에 대해서는 아빠도 참 뭐라고 말하기가 그렇다. 아무튼, 그들은 자수하고 바로 경찰서로 잡혀 들어갔어."

"그냥 끝난 건 아니겠지? 엄청난 운동이었다며."

"그래, 그냥 그렇게 끝나지 않아. 점점 초조해지던 학생대표들은 그냥 독립선언문을 읽었지. 그리고 마침내 만세시위가 벌어진단다. '대한 독립 만세' 수만의 태극기 물결이 거리를 휘몰아쳤고 목이 터져라 독립을 외쳤어. 일본은 군인들과 경찰들을 배치하고 총으로 군중들을 갈겨댔어. 그런데 앞에서 사람들이 픽픽 쓰러져 가는데도 해산하지 않고 계속하여 거리를 걸었지. '대한독립만세' 같은 시각 평양 의주 서천군 원산 등 주로 위쪽에서 만세시위가 번지기 시작했고 이 만세운동은 자그마치 2개월 동안 계속된단다. 참여자만 하더라도 200만 명 실로 놀라운 숫자이지. 일본은 이를 제지하기 위하여 마을 자체를 모두 학살해버리는 등 많은 사람을 죽여나간단다."

"유관순은?"

"유관순 역시 3.1운동 이후에 일본군에게 체포당하고 감옥에서 고문을 당했지. 그렇게 극심한 고문을 당하면서도 감옥 안에서도 대한독립만세를 외쳤어. 그리고 옥중에서 사람들을 모아 또다시 만세운동을 하지. 그리고 마침내 18세에 극심한 영양실조와 고문으로 인하여 돌아가신단다."

"아무것도 할 수 없었던 거야. 그걸로 독립은 못했던 거야?"

"어떻게 보면 우리는 3.1운동으로 독립을 못 했으니 실패했다고 볼 수 있을까? 절대 아니야. 이 운동으로 하여금 전 세계는 난리가 나지 미국의 가장 유명한 신문에서는 비폭력운동을 총칼로 제압해버린 일본을 강하게 비판했고, 일본은 다른 나라의 비판이 워낙 심하니 이후로 백성들을 심하게 억압하기보다는 다른 방법으로 이를테면 문화를 좀 바꾸는 방법으로 노선을 바꾸었어. 그리고 이 운동은 동방의 등불이 되었단다. 우리나라뿐 아니라 이때 세계의 여러 나라는 우리나라처럼 다른 나라에 지배를 받고 있었는데, 그런 식민지 나라들은 하나같이 독립을 쟁취하기 위한 만세운동을 시작하는 계기가 되었어. 중국, 대만은 물론이고 인도의 만세 시위운동 등 세계 각지는 우리를 주목하고 우리의 사태를 주시하게 된단다. 그 유명한 간디의 비폭력운동도 3.1운동의 영향을 받은 거야. 원래의 목적을 이룬 대단한 성공이라고 볼 수 있지. 그러나…"

"그러나?"

"너무 많은 희생이었어. 정말 너무 많이 죽었지."

"아!"

"좀 우울하지? 여기 다 둘러보고 이제 독립기념관에 가보자. 그곳에서 서안이가 배웠던 역사를 돌아보고 우리가 어떻게 독립을 이루었는지 한 번 보자."

"응~"

왠지 모르게 딸아이의 눈에 결의가 가득 찬 것처럼 느껴졌다. 우리는 유관순 생가를 뒤로하고 독립기념관으로 나섰다.

우와, 엄청나게 큰 마네킹이다

"우와, 진짜 사람이야?"

독립기념관 앞에 있는 불굴의 상과 커다란 태극기를 구경하고 내부로 들어가 이리저리 구경하던 중 딸아이가 외쳤다. 그곳에는 대한민국임시정부를 수립한 위인들이 실제 크기로 디오라마 되어 있었다.

"그러게, 정말 잘 만들었다."

"우와, 진짜 신기해. 어떻게 이렇게 만들었어? 뭐로 만든 거야?"

"아마도 석고 등으로 만들지 않았을까? 아빠도 미술에는 잼병이라서. 하하."

"그런데 이 사람들은 어떤 사람들인데 이렇게 제작해서 둔 거야?"

"응, 대한민국임시정부를 만든 사람들이지. 우리나라가 독립운동을 하던 시기에 마지막까지 일관성 있게 남은 단 하나의 조직이야. 사실 엄청 많은 조직이 있었지만 모두 다 사라지고 단 하나, 이 대한민국임시정부만 살아남았지. 이곳에서 많은 인물이 배출되고 독립을 위하여 끝까지 싸웠던 위인들이 많이 속한 곳이란다. 이봉창, 윤봉길의사는 물론 민족지도자 김구선생, 도산 안창호선생, 대한민국의 초대 대통령인 이승만 전 대통령. 이 부분은 좀 그렇지만 어쨌든 우리나라의 독립을 위하여 갖은 애를 쓴 조직이라서 이렇게 기념해 놓은 거야."

"근데 아빠 좀 이해가 안 가."

"뭐가?"

"정부라는 게 아빠가 설명해 줄 때 나라라고 했는데 나라도 없는데 어떻게 정부를 만들어?"

"와, 놀라운데 정말. 아빠 진짜 놀랐어~. 서안이 말대로야. 나를 빼앗겼지. 나라가 없으니 임시정부를 조직한 것이지. 말 그대로 임시. 이 조직을 만들고 어떤 일을 했는지 알려줄게. 그러면 좀 이해가 갈 거야."

"음, 임시정부."

"그래 한번 들어봐. 3.1운동 이후에 신한청년당을 이끌던 여운형등은 조직이 필요하다고 느꼈어. 이렇게 아무렇게나 독립운동을 하기보다는 구체적으로 조직을 만들고 힘을 집중시키자는 생각을 했지. 흩어져있던 독립운동가들을 불러서 대한제국의 정통성을 잇는 정부를 수립하고자 했어. 당시 여운형, 신채호, 이승만, 안창호 등등 많은 인물이 모여들어 치열한 논의를 한 끝에 마침내 대한민국임시정부를 만들고 초대 대통령으로 이승만을 선출한단다."

"그러면 여기에 나와 있는 사람들이 전부 대한민국임시정부 사람들인 거야?"

"그렇게 되는 거지. 이 대한민국임시정부를 만들면서 좀 중요한 내용이 있어. 사람들이 자칫 놓치는 부분인데, 그건 바로 왕가라는 것을 제외했다는 거야."

"응? 왕가?"

"그래, 왕을 배제하고 대통령을 만듦으로써 이제는 우리나라도 완전한 민주공화국이 되었다는 것을 의미해. 이제 왕이라는 것은 없다는 것이지."

"아~ 그렇구나. 그럼 이제 신분제가 완전히 없어진 거네."

"그래! 바로 그거야. 아빠가 이야기하고 싶었던 것이. 오래전에 너에게 신분제가 어떻게 생겼으며, 또 어떻게 없어지는지 가르쳐 준다고 했지? 바로 이것이 그 끝인 거야. 드디어 대한민국이 탄생하는 순간인 거야. 그 위대한 업적을 이분들이 한 거지."

"우와~ 나 좀 멋진 듯~"

"그래, 오늘 여러 번 놀라네. 자, 어쨌든 임시정부는 정말 많은 일을 해. 국내외의 연락책 등을 비밀리에 사용해서 여러 활동을 전달하고 자금을 적극적으로 모았지. 이승만은 미국에서 독립자금을 계속하여 융통하고 또 미국 정부에 우리의 독립 의지를 계속해서 알렸어. 또 독립신문을 발행해서 독립군들의 활약상을 전달함으로써 국민에게 희망을 잃지 않게 계속 독려했어. 그런데 1920년대 후반에 들어서는 점점 자금이 끊기고 일본의 방해가 심해지면서 활동이 많은 제약이 걸렸어."

"그렇겠다. 일본이 계속 추적하겠네."

"그래 맞아. 게다가 이렇게 외부의 압박이 거세지면 내부도 흔들리게 되어 있어. 그러면서 임시정부 해체의 위기까지 온단다. 그때 이를 다시 규합한 사람이 나타났어."

"누구?"

"백범 김구~!"

"여기 앞에 앉아 있는 분이지?"

"그래, 임시정부가 세워지고 얼마 지나지 않아 한 사람이 찾아온단다. 인상이 그렇게 좋지 못해. 그런데 그 사람이 임시정부에서 일하게 해달라고 부탁하는 거야. 그런데 이때 임시정부에는 거의 모든 자리가 다 차 있어서 자리가 없었지. 김구선생은 문지기라도 시켜달라고 해. 대한 독립의 기초가 된다면 문지기라도 하겠다고 했지. 김구선생은 그렇게 임시정부의 문지기로 생활하게 돼. 그런데 이 사람이 너무나 굳건하고 일을 잘해. 마침내 임시정부가 흔들릴 위기에 있을 때 김구선생이 핵심인물로 다시 대한민국임시정부를 이끌어 간단다."

"어떤 일을 하신 거야?"

"김구선생은 무관학교를 세우고, 군사들을 지원했고 길러냈어. 그리고 이봉창의사와 윤봉길의사의 의거를 도왔지."

"이봉창 의사와 윤봉길 의사?"

"응, 잠깐 이야기해 보자. 백범일지에 보면 이런 내용이 나와 정확한 내용은 아니고 아빠가 각색한 거니 한번 들어봐 '어느 날 비쩍 마른 남자가 찾아와 자신이 일왕을 암살하러 가겠다고 했다. 임시정부의 사람들은 나에게 어찌하여 저런 사람을 임시정부 안으로 들였냐고 마구 야단쳤다.

나 역시 저 젊은이를 믿지 못하였다. 돈만 생기면 술로 인생을 허비하는 사내라고 이야기 들었기 때문이다. 하지만 조사를 마친 나는 깜짝 놀랄 수밖에 없었다. 이처럼 투철한 애국심을 가진 사람이 또 없었기 때문이다.' 이봉창 의사는 김구 선생에게 이야기했어. '선생님, 이제 제 나이 31살입니다. 앞으로 더 살아도 지금보다 재미는 없습니다. 난 여태 쾌락을 마감하고 앞으로 영원한 쾌락을 위해 목숨을 바칠 각오로 상하이로 온 것입니다. 저로 하여금 세상을 깜짝 놀라게 할 성업을 완수하게 허락해 주십시오.'"

"어떤 일인데?"

"적국의 수괴 일본 왕을 죽이겠다는 거였어."

"헉!"

"1년간의 준비를 마치고 김구 선생은 이봉창의사의 손을 꼭 잡았데, 그런데 이봉창 의사는 무서워하거나 슬픈 얼굴을 짓지 않았어. 양손에 폭탄을 들고 서약서를 목에 걸고는 한없이 맑은 미소로 사진을 찍었어. 그리고 동경으로 길을 떠난단다. 이 폭탄의거는 실패했어."

"뭐? 실패했어?"

"응, 일왕은 죽이지 못했어. 하지만 도쿄 한복판에서 터진 폭탄은 그야말로 전 세계에 충격을 안겨줬어. 김구선생은 일이 실패로 돌아갔다는 말에 밤새 눈물을 흘렸다고 하더구나."

"너무 안타깝다."

"그리고 윤봉길 의사. 바로 여기구나! 도시락 폭탄~!!"

"아~ 이게 윤봉길 의사가 하셨던 일이야?"

"응, 이봉창 의사의 의거 소식을 듣고 윤봉길의사는 김구선생을 찾아가 본인도 하겠다고 고집을 부렸지. 김구 선생은 이봉창의 죽음을 너무 안타까워했기 때문에 더는 젊은이들이 죽는 것을 원치 않았어. 하지만 그의 고집은 꺾지 못했지. 윤봉길의사는 일본이 중국과 전쟁에서 이긴 것을 기념하기 위하여 상해 홍커우 공원에서 축제를 열 때 도시락 안에 폭탄을 담아 그대로~펑! 터뜨려버려. 엄청난 인원들이 죽는단다. 일본군 사령관과 장교 다수가 그곳에서 죽거나 중상을 입었어. 일본군은 지휘하던 사람들이 그렇게 되자 한동안 군사작전 자체를 하지 못했어. 어마어마한 일을 한 거지. 이 일로 하여금 대한민국임시정부는 단번에 다시 힘을 얻고 군사들을 대거 모집할 수 있게 돼. 이봉창과 윤봉길의 의거가 젊은이들의 마음에 불을 지핀 거지. 또 중국의 주석이었던 장제스는 4억 중국인이 하지 못한 일을 윤봉길 혼자의 힘으로 이루어 놓았다고 극찬하면서 대한민국임시정부의 군대를 적극적으로 지원했단다."

"대단한 승리네."

"그래, 이 의거들 이후로 한국광복군이 창설되고 일본이 태평양전쟁을 일으키자 연합군으로 참전했어. 이것에서 승리하면 우리나라도 승전국으로서 독립을 쟁취할 수 있으리라 생각했기 때문이지."

"아~일본이 세계 1차 전쟁에서 승전국이 되어서 그랬던 것처럼?"

"그래, 맞아~ 그리고 마침내 1945년 우리 한국광복군은 미국과 연합하여 국내로 들어가 일본과 전쟁을 하기로 하였지. 그러나 실행하기도 전에 광복이 이루어진단다."

"그래도 안 싸우고 잘되었네."

"글쎄, 그 이야기는 조금 뒤에 해보자."

"아빠, 나 다리 아파."

"그러게 상당히 넓네! 조금 쉬다가 갈까? 가면서 아까 봤던 것 중에 봉오동 전투나 청산리 대첩 같은 전투에 대해서 알려 줄게. 또 우리 위대한 독립군의 무장투쟁을 알아야지?"

"알았어~"

나도 싸울래!

"아빠, 근데 왜 우리나라는 임시정부도 있었는데 다 같이 뭉쳐서 싸우지를 못했어?"

"이야~ 아주 날카로운 질문이야. 일제의 탄압 때문이지 뭐. 일본의 눈을 피해서 이리저리 도망 다니면서 독립군들이 몰래몰래 싸워야 했으니 어쩔 수 없었을 것이고, 또한 뭉치는 것보다는 여기저기서 괴롭히는 것이 군인이 작은 곳에서는 더 효율적이긴 하지. 예전에 의병들이 했던 게릴라전술처럼."

"아~ 임진왜란 때 했던 것처럼?"

"그렇지. 봉오동 전투, 청산리 대첩은 그런 의미에서 보자면 흩어져있던 독립군들이 모여서 싸운 엄청난 규모의 전투라고 볼 수 있어. 이때 우리가 모였다고는 하나 일본과 비교하면 군사가 적었던 것은 확실했거든.

불리한 상황에서 이겨낸 대단한 전투지.”

“봉오동 전투는 왜 봉오동 전투야?”

“응~ 봉오동이라는 골짜기에서 일어난 거라서 그래.”

“이름이 엄청 재밌어.”

“응~ 이름이 재밌지? 그런데 내용은 재밌지만은 않아. 봉오동 전투라는 영화도 있지만, 아무튼 우리나라가 전투에서 절대적으로 불리할 수밖에 없었는데, 이것을 극복해 낸 2개의 전투라고 볼 수 있어. 영웅들의 이야기지. 먼저 백두산 호랑이 홍범도 장군의 이야기부터 해볼까?”

“오~ 백두산 호랑이 멋있어~!”

“그래, 그렇지? 홍범도 장군은 키가 엄청 크고 덩치도 상당이 좋았다고 해. 최근에야 그의 시신이 국내로 들어오게 되었어. 얼마 전에 뉴스에서 대대적으로 보도했지. 어찌 되었든 이 봉오동 전투와 청산리 대첩 두 개의 항일무장투쟁은 모두 3.1운동 직후에 일어난단다.”

“3.1운동이 그렇게 컸던 거구나.”

“그래, 3.1운동의 의지가 이들에게 이어졌던 것이라고 볼 수 있어. 홍범도 장군은 3.1운동 직후 대한독립군의 총사령관으로 400명을 이끌고 국내 이곳저곳을 누비며 일본군들을 박살 냈어. 신출귀몰한 군대가 나타나서 이리저리 누비면서 일본군을 자꾸 박살 내자 일본군이 화가 났어. 그래서 일어난 것이 이 봉오동 전투야.”

“일본군이 화가 나서 쳐들어온 거라고?”

“응, 일본군들은 독립군을 완전히 섬멸할 목적으로 엄청난 인원과 엄청난 물자를 동원하여 독립군들이 있는 곳으로 향한단다. 문제는 이들이 국경을 넘어 삼둔자라는 곳까지 들어와서 피난하여 살고 있던 우리 한인들을 잔인하게 죽였다는 것이야."

"아~ 정말 일본놈들…."

"이때 일본은 정말 그림자만 비춰도 그 근방에 살아남는 것이 없을 정도로 한국인이라면 어른 노인 아이 가리지 않고 죽였고 여자는 포로로 끌고 가는 만행을 저질렀어. 이때 독립군은 삼둔자 근처에 숨어 있다가 일제 공격을 가하여서 일본군을 몰아내고 우리 한인들을 구출하지."

"이야~ 역시~"

"그런데 이 행동이 더욱 불을 지폈어. 일본군은 더 큰 군대를 동원하여 독립군을 몰살하려 한단다. 이에 홍범도는 대한독립군과 최진동의 군무도독부, 안무의 국민회군과 함께 봉오동으로 향한단다."

"3개 군대가 합쳐진 거야? 그럼, 사람이 꽤 많겠다."

"그럴 거 같지만 그래 봐야 1200~1300명 정도야. 숫자가 크지 않지. 반면에 일본의 군대는 그냥 군대가 아니라 정규군. 즉 ,본인들의 주력부대를 보낸 거야. 사실 상대가 될 수 없었지. 홍범도 장군은 고심했어. 어떻게 하면 적은 인원으로 다수의 인원을 격파할까? 서안이는 어떻게 하면 좋을 거 같아?"

"음… 잘 모르겠어."

"홍범도 장군은 지도를 펼치고 지형을 살폈어. 그리고 봉오동이라는 곳을 발견해 여기는 두 개의 봉우리가 둘러싸고 있고 만약 봉오동 계곡으로 일본군이 들어온다면 위에서 일제히 공격해서 적을 격파할 수 있다. 마치 학익진처럼."

"아~ 학익진~!"

"맞아. 그런 형세지. 대군을 둘러싼 소군 그러나 펼쳐서 쏘아대면 아무리 많은 군대라도 어쩔 도리가 없지. 그런데 문제는 일본군이 봉오동으로 들어오냐 이 말이야. 홍범도 장군은 날랜 몇몇 독립군에게 특명을 내려. 봉오동으로 일본군을 끌고 와라."

"그럼, 몇몇만 나서서 유인하는 거야? 그 사람들은 위험하겠다."

"맞아, 그러나 우리 독립군들은 목숨을 건 사람들이었어. 소수의 독립군들은 일본군을 유인하는 방책을 세웠고, 홍범도 장군은 봉오동 일대의 일반민들을 피난시키고 통째로 비워 두었지. 그리고 각 연합의 독립군들은 봉오동의 높은 곳에서 아래를 조준하고 있는 상태였단다."

"두근 두근 두근~!!"

"유인조를 맡은 발 빠른 독립군들은 빠르게 봉오동 안쪽으로 유인하면서 이들을 끌고 들어왔어. 어느새 봉오동 어귀에 들어왔지만, 일본군들은 아직 봉오동 내로 모두 들어오지 않았지. 이 작전의 핵심은 이들이 봉오동 골짜기 내로 모두 진입을 해야 하는 것이었거든. 이들을 감싼 다음 일제히 사격을 퍼부어야 하니까. 홍범도 장군은 망설였어. 빨리 사격하지 않으면 유인조를 맡은 독립군들이 죽고 말 테니까."

"아~ 빨리~빨리~"

"그래, 이들은 빨리 조금만 더 조금만 더를 속으로 외치며 마음을 졸였어. 그리고는 일본군이 들어오자마자 일제 사격~!! 탕탕~~~퍼퍼퍼퍼퍼펑~!!!"

"성공한 거야?"

"그래 결과는 대성공이었지. 일본은 동쪽으로 뛰어 올라가면서 우리 독립군을 반격했지만 다른 3면에서 이들을 저격하면서 약 100명을 사살하고 이 의지를 없애 버렸지. 그리고 일본군은 패배하여 물러난단다. 이때 일본은 약 150명이 죽고 200명이 전투를 할 수 없게 되었지만 우리나라는 1명이 사망 3명이 부상이라는 엄청난 승리를 거두게 돼."

"와~~~!!"

얼마나 크게 소리를 쳤던지 주위 사람들이 우리를 쳐다보았다. 그러든지 말든지 딸아이는 연신 폴짝폴짝 뛰었다.

"워워~ 좀 진정하고, 이때의 승리는 고스란히 청산리 대첩까지 이어져."

"김좌진 장군~!"

"맞아, 청산리 대첩의 주인공은 김좌진 장군이지. 김좌진 장군이 이끄는 북로군정서와 홍범도 장군의 대한독립군이 합작하여 만들어낸 대단한 승리지."

"응? 홍범도 장군도 여기에 참전했어?"

"그래~ 사람들은 청산리 대첩이라고 하면 김좌진 장군만 있다고 알고 있는데 홍범도 장군도 참전하셨고 이들의 합작품이야. 김좌진의 아버지는 김형규라는 인물인데 양반 중에서도 굉장히 존경을 받던 인물로 부자이면서도 사람들을 많이 돕고 신분의 차별을 두지 않는 훌륭한 인물이었다고 해. 신분이 높은 부자이면서도 다른 사람들을 많이 돕고 자신을 겸손하게 낮추는 행동을 보고 노블레스 오블리주라고 하는데 이 노블레스 오블리주의 전형적인 분이셨지. 옛날 백범 김구 선생이 동학농민군으로 활동할 때 김형규의 집으로 초대되어 찾아간 적이 있었는데 그때 친구들을 이끌고 다니며 전쟁놀이를 하는 눈빛이 빛나는 아이를 보았다는 이야기가 있어. 그 아이가 누굴까?"

"어? 김좌진…. 맞아?"

"그래, 우연히 김좌진 장군의 어린 시절을 김구 선생이 봤고 한 번에 대단한 인물임을 알아볼 수 있었데, 김좌진 장군은 부유한 집안에서 자랐지만, 나라를 빼앗기자 가산을 정리하고 하인들을 모아 땅과 돈을 나누어 주어 돌려보낸 다음 본인은 육군무관학교에 입학했어. 그리고 그곳에서 독립 의지를 불태웠지."

"와~ 대단하다."

"그래~ 사실 아빠는 나라를 위해서 이렇게 내 재산을 모두 정리할 수 있을까 생각하긴 해. 아무튼, 일본군은 봉오동에서 완패하고 독립군을 없애기 위해서 계속 고심했어. 그런데 독립군이 간도나 만주에 있어서 일본군이 쉽사리 그곳으로 쳐들어갈 수 없었어."

"왜?"

"일본이 우리나라를 점령한 거지 중국이나 러시아를 점령한 게 아니잖아. 남의 나라에 가서 함부로 전쟁할 수 없었던 거지."

"그렇구나! 그걸 노리고 우리나라 독립군들이 그곳에 많이 있었구나."

"그렇지. 그런데 일본은 독립군들을 없애기 위해서 하나 꾀를 내는데 마적들을 사용한 거야."

"마적?"

"응, 여기 간도나 만주지역에선 말을 타고 다니면서 사람들의 물품을 빼앗는 강도들이 득실거렸거든. 먹고 살기 힘드니까 이런 마적들이 점점 늘어났어. 일본은 이 마적들에게 돈을 주고 일본 영사관을 공격하게 했어."

"응? 왜? 자기네 나라를 공격하게 해?"

"자기네 나라를 공격하게 하고 본인들 나라의 국민이 죽자 마적들을 소탕한다고 하면서 간도로 군대를 이동시킨 거지. 정말 목적을 위해서는 수단과 방법을 가리지 않지?"

"어이없네! 정말."

"그래 이것을 훈춘사건이라고 하는 데 이를 계기로 대규모 병력을 간도로 이동시키고 마침내 독립군을 소탕하기로 하였어. 일본은 약 4만 명을 투입했고 우리 독립군은 약 2천8백 정도였어. 20배 넘는 군대였지."

"허~그렇게 차이가 크게 난단 말이야. 다 같이 뭉쳐서 싸우지를 못하니…."

"그렇지. 그때 당시 김좌진 장군은 봉오동 전투의 소식을 듣고 기뻤지만, 한편으로는 걱정되었어."

"왜?"

"일본이 가만히 있지 않을 것으로 생각한 거지. 일본이 쳐들어온다. 준비해야 한다. 그렇게 생각한 거야. 김좌진 장군은 먼저 청산리 쪽으로 독립군을 빼고 일본군과 싸움을 피했어."

"그냥 싸운 게 아니고?"

"응, 정면으로 싸우기는 아무래도 역부족이잖아. 그런데 이 일본 놈들이 모조리 들어와서는 죄도 없는 민간인들을 마구 죽이는 거야. 이를 보다 못한 김좌진 장군은 마침내 자신의 북로군정서에 출진을 명한단다."

"두두등장~~~!!"

"먼저 수풀이 잔뜩 우거진 백운평이라는 계곡의 위로 올라가서 갈대 숲 사이로 독립군들은 숨어들었어. 소리조차 내지 않는 독립군들은 일본군이 그 길을 지나가길 기다렸지. 그리고 선발대가 지나가자 일제히 ~~~!!!"

"우와~~~ 탕탕탕~!!!"

"그래 통쾌하게 물리친단다. 그리고는 우리 백성들에게 독립군들이 무기도 없이 도망가더라고 소문을 퍼뜨리라고 했지. 아무런 의심 없이 일본군은 앞으로 더 나아가면서 안쪽으로 들어왔어. 또다시~~~!!"

"탕탕탕!

"그래! 한편 김좌진 장군의 북로군정서가 일본군을 쳐부수고 있을 무렵 홍범도 장군부대는 청산리 인근에서 일본군의 공격을 받고 있었어. 일본군도 바보가 아니라서 남과 북으로 둘러싸고 홍범도의 군대를 공격했지. 홍범도 장군은 한곳을 집중적으로 공격하여 포위를 벗어남과 동시에 중앙에 포진하고 있던 일본군을 공격했어. 밤이 되자 적이 누군지 헷갈린 일본군은 정작 중앙에 있던 일본군을 공격하면서 결과적으로 홍범도 군대와 함께 일본군을 죽이는 일등공신이 되었지. 크크크."

"뭐야~ 자기들이 자기들을 공격 한 거야? 크크크"

"그래~ 홍범도 장군의 작전은 앞뒤에 있던 일본군의 뒤쪽에서 중앙으로 다시 들어간다. 이 작전이 제대로 먹힌 거지. 홍범도 장군의 군대와 김좌진 장군의 군대는 서로가 서로를 도와주며 전승을 해나가 이제 전투는 한풀 꺾인듯했지. 그리고 독립군들은 고동하계곡에서 한숨 돌리기로 해."

"뭔가 불길해~"

"그러게~ 일본군들은 야간에 독립군을 습격한단다. 편히 쉬고 있던 독립군들은 적잖게 당황했지만 늘 경계하고 있던 터라 잽싸게 도망갔어. 일단 뿔뿔이 흩어져 도망가는 일본군들은 크게 기뻐했지."

"아~ 또 졌네."

"하지만 그게 다가 아니야. 물러섰던 독립군들은 조용히 모여들어 승리를 자축하며 놀고 있던 일본군의 뒤통수를 빡~"

"우와~! 대박~"

"그리고는 얼른 자리를 떠버리지. 이러한 전투는 10회에 걸쳐서 계속되었고 일본군은 약 1200명 사망 우리는 약 100명 사망으로 그야말로 일본을 처참히 무너뜨렸어~!! 대단한 승리였지."

"진짜 시원하다~."

"그렇지. 독립운동 역사상 가장 시원한 승리라고 볼 수 있어!"

"아~ 오랜만에 기분 좋아."

"그래~ 이제 집에 가면서 일본이 자행한 일과 우리의 독립운동들이 어떻게 이루어졌는지 알려줄게. 그리고 해방에 관한 이야기도. 여기서 한 번 외쳐 볼까? 대한 독립 만세~!!"

"대한 독립 만세~!!"

우리는 독립기념관을 나와 집으로 향했다. 사실 해주고 싶은 이야기가 더 많았지만, 시간이 부족했다. 그리고 김좌진 장군의 어두운 면에 대하여도 알려주려고 잠시 생각을 해보았다. 그러나 전쟁 당시 일반 백성들에게 돈을 강요하고 먹을 것을 강요했던 행동이 그때 그 당시 그 시절에는 어쩔 수 없었다는, 누구라도 그렇게 할 수밖에 없었다는 생각이 들어 알려주길 그만두었다. 그 면이 있다고 한들 김좌진장군의 전공과 독립 의지가 퇴색해서는 안 된다는 생각도 있었기 때문이다. 잘잘못을 따지기보다는 아이가 역사적 사실 중 되도록 밝은 부분을 배웠으면 하는 바람도 있었다. 이후의 평가나 어두운 고민은 조금 더 자란 후에 해도 늦지 않을 것이었다.

일제강점기

우리는 다시 택시를 타고 기차에 올라 딸아이와 함께 이런저런 이야기를 나누며 집으로 오고 있었다. 마침 객실에 사람이 없어서 좀 더 편하게 대화를 할 수 있었다.

"그런데 아빠, 독립기념관에서 보니까 일본이 우리한테 잘 못한 것들이 많던 것 같은데 막 사람들도 가두고 그런데 아빠는 크게 이야기 안 해서 궁금해."

"음~ 아무래도 일제의 탄압 속에서도 우리가 이겨낸 것을 좀 알려주는 게 좋을 그거로 생각해서 그랬는데. 한번 들어볼래?"

"음, 좀 기분이 안 좋을지도 모르지만 어쨌든 들어볼래."

"그래~ 우리의 독립의사들께서 왜 그렇게 독립을 외쳤는지 그리고 왜 그렇게 위험한 일까지 하였는지 알아야 하니까."

"응! 사실 거기에 있던 독립의사들이 아무리 그래도 폭탄 던지고 총을 쏘고 사람을 죽인다는 것은 좀…. 너무한 것이 아닌가 싶었어."

"그래, 그럴 수 있겠다. 일본이 우리를 점령했을 당시부터 시작해서 우리나라와 일본은 사실 전쟁을 했다고 볼 수 있어. 전쟁 중에는 사람이 죽어 나가는 것이 당연한 일이기도 하고. 그러나 우리는 민간인에게 해를 끼치진 않았지만, 일본은 우리나라 전체 전 국민에게 잔혹한 짓을 서슴지 않는단다."

"그렇구나, 그런 거 같아. 우리는 군인이라던지. 또는 일왕이라던지. 이토 히로부미 이런 사람들만 공격했잖아."

"그래, 그렇게 생각해봐야 할 문제야. 일제는 정말 많은 핍박을 가했고 정말 많은 사람을 죽였고, 정말 많은 사람에게 고통을 가했어. 특히 초반에는 우리를 무력으로 진압하기 위해서 헌병들이 칼을 차고 돌아다니면서 정말 찍소리도 못 내게 했지. 사람들은 헌병이 보이면 숨소리도 내지 못했단다. 현장에서 칼을 빼 들고 죽여버리는 일도 서슴지 않았으니 당연히 공포에 떨었겠지. 하지만 하나의 사건이 일어나고 좀 변하긴 해."

"나 알아~ 3.1운동!"

"그래, 우리 딸 이제 척척박사인 걸. 3.1운동이 끝나고 나서 헌병들을 없애고 경찰들이 이런 일을 담당하게 되는데 그렇다고 좋아진 것은 아니야. 일제는 오히려 경찰들을 늘리고 여기저기 밀정을 많이 심어 두었어."

"밀정?"

"응, 밀정이라는 것은 몰래 정보를 수집하는 사람을 뜻해. 이 밀정들은 주로 한국인 중에 일본이 살살 꼬셔서 만들어낸 사람들인데, 독립군들

사이사이에 녹아들어서 일본에다가 정보를 주는 나쁜 놈들이지. 이런 사람들이 대거 늘어나면서 독립의사들이 많이 죽어 나가기도 해."

"왜 우리나라 사람이 그런 짓을 해."

"여러 가지 이유였겠지. 일제가 꼬신 것도 있을 것이고 협박당한 사람도 있을 것이고 하지만 이런 사람들을 친일파라고 하는데 예전에 중국에 빌붙어서 우리나라를 좀먹었던 사람들 기억나지?"

"응, 우리 로맨티스트 공민왕 때도 친원파 기억나~."

"그래, 그런 사람들이라고 보면 되겠다."

"나쁜 놈들이구나~"

"또, 일본은 관동 대학살이라는 엄청난 일도 벌인단다."

"관동대학살?"

"일본에 대지진이 일어나 많은 사람이 죽고 도시가 불타버렸지. 일제는 사람들이 막 동요하자 자경단이라는 단체를 만들어서 이것은 지진이 아니라 한국인들이 관동지방에서 폭동을 일으킨 것이라며 소문을 내. 그리고는 일본에 거주하고 있던 관동지방에 사람들을 무참히 죽여버린단다."

"어떻게 그렇게 해. 이해가 안 가."

"음, 덮어 씌운 거지. 이때 우리 한국의 민간인들 확인된 사람만 6661명 모두 죽였어. 도망치는 사람들 잡아서 죽였고, 그리고 숨어 있던 사람들도 모두 말이야."

"정말…말도 안 되는…. 충격적이다…."

"또 민족말살정책이라고 해서 한글을 사용하지 못하게 했어. 그러다 보니 사람들은 일본말을 썼고 아직도 일본말들이 그대로 남아 있는 거야. 네가 쓰고 있는 말랑이모찌라는 말도 일본 말이잖아. 모찌는 찹쌀떡이라는 말인데 말랑이찹살떡이라고 하면 되잖아."

"아, 반성해야 하겠다."

"그래, 그리고 이름도 바꾸라고 강요했어. 일본 이름으로 개명하라고 했지. 그렇게 우리나라를 자기네 나라로 만들려고 했단다."

"그럼 나도 그때 태어났으면 일본 이름으로 불렸겠다."

"맞아, 그리고 일본은 다른 나라와 전쟁을 몇 번이나 치르는데 일본이 식량이 떨어지자 아주 극소의 식량을 제외하고 한국에서 난 쌀들을 모두 일본으로 옮기는 거 하면 집 안에 있는 쇠붙이라는 쇠붙이는 모두 강탈해가서 총알을 만드는 데 쓰기도 했어."

"그럼 밥은 뭐로 먹어?"

"응, 쌀도 없는데 무슨."

"헉!"

"그런데 이렇게 물자만 가지고 가면 다행이지. 그게 아니야. 자그마치 20만 명이 넘는 청년들을 강제로 끌고 나가서 자기네 전쟁에 사용하지. 총알받이로 말이야. 이때 끌려나간 남자들은 거의 다 죽어. 아마 아빠도 이때 살았다면 끌려나갔을 거야."

"진짜? 일제! 이…. 나쁜 놈들…."

"그래, 그뿐만 아니라 너같이 나이 어리거나 일을 할 수 있는 사람은 모두 끌고 가서 강제적으로 일을 시키지. 가둬놓고 하루에 16~17시간 정말 최소의 쉴 시간만 주고 나머지는 미친 듯이 일을 시킨단다. 그 과정에서 죽는 사람이 허다했지. 엄청난 노동과 적은 쉬는 시간, 부족한 영양 등으로 말이야. 그런데 일을 하고 나면 풀려나냐고? 아니. 공항을 만든다고 사람들을 일 시키고, 공황이 다 만들어지자 공항은 비밀기관이니 소문이 새어나가면 안 된다며 거기서 일한 한국인들을 모두 죽였어. 공사가 끝나거나 일이 끝나고 나면 거의 모두 죽여버렸지. 우리 민족은 정말 어마어마한 인원들이 죽는단다."

"정말 많이 죽이네…. 나쁜 놈들이…."

"응, 마을 하나 없애는 것은 눈 깜박하지 않고 했고, 사람들을 강제로 끌고 가서 사람 몸에다가 실험하는 일명 마루타라는 것으로 쓰기도 했어. 마치 사람이 쥐에게 하는 실험처럼 말이야. 정말 인간이 이렇게 할 수 있는 것인가 할 정도 잔인했어. 그리고 위안부~!!"

"어…. 저기 잠깐… 여보… 그거 이야기해도 될까?" 흥분해서 이야기하던 아내가 잠시 나를 제지했다.

"아…."

"뭔데? 위안부?"

"음, 서안아. 여자의 몸은 항상 소중히 해야 한다고 했지? 그런데 일제 군인들이 여자들을 마구잡이로 잡아가서 소중한 몸을, 정말 소중한 우리 어머니들의 몸을 마구 괴롭힌단다. 그러면 안 되겠지?"

아내가 차분하게 설명했다.

"왜 잡아가서 괴롭힌 거야?"

"군대에서는 여자가 없으니까 군인들이 외로울 수 있겠지? 그래서 여자를 잡아간 거야. 잡아갔으면 소중하게 대해야 하는데 마음대로 괴롭힌 거지. 몹시 나쁜 놈들이야. 그러고 나서 대부분 여자를 또 죽여버려 나중에 소문날까 봐."

"헉~ 저런…."

"그래, 서안아. 일단 위안부는 네가 좀 더 크면 더 충격적인 사실을 알게 될 테니 요정도 까지만 하자. 일본이 얼마나 많은 죄악을 저질렀는지 알겠지? 우리 독립운동가들은 이것을 이겨내기 위하여 노력했던 거야. 무고한 우리 민족을 구하기 위하여 목숨을 걸었던 거지." 내가 이야기를 이어갔다.

"그런데도 일본은 아직 우리나라에 제대로 된 사과조차 하지 않고 있어. 그건 없었던 일이다. 이미 배상했지 않냐 우리는 모르는 일이다 증거 있냐 등등."

"이! 진짜!"

"모든 일본인이 그런 것은 아니야. 일본인 중에는 그러한 행위가 잘못되었고 속죄를 해야 한다는 사람도 많지만, 아직 일본의 정부는 그렇지 않단다. 반드시 우리는 속죄를 받아야 해. 그리고 우리나라를 위해 돌아가신 독립운동가들의 넋을 달래야 하는 거야."

"자~ 이제 일본강점기도 끝이다. 사실 그 안에서 중요한 단체나 중요한 사건들도 참 많지만 거기까지는 서안이가 아직 무리일 것 같고 나중에 아빠가 따로따로 중요한 인물 사건 등등 설명해 줄게. 이제 우리도 해방되었고 잘살고 있으니까. 과거의 일에 너무 연연하지는 말자. 이제 힘과 실력으로 우리가 세계를 제패해야지~!!"

"맞아! 그래야지~!"

똥개 할머니 보고 싶다

저녁을 먹던 중 딸아이가 물었다.

"아빠, 예전에 똥개 할머니가 북한에서 오셨다고 했지? 학교에서 북한에 대해서 배웠어."

"그래? 북한은 어떻게 느껴졌어?"

"음…. 좀 무섭게?"

"그래? 그럼 우리가 왜 갈라진 것인지 아니?"

"응 선생님이 서로 생각이 달라서 갈라졌다고 했어."

"그래, 생각이 달랐지. 하지만 그것만 전부는 아니야."

"여보, 좀 이른 것 아닐까? 남북이 갈라진 것을 설명하려면 이데올로기라든지 또 다른 나라의 간섭 등을 설명해야 할 건데?" 아내가 나에게 물어왔다.

"좀 이르긴 하지. 하지만 다 몰라도 돼. 적어도 우리의 생각만으로 갈라진 것은 아니라고 가르치고 싶어. 서안이는 밥마저 먹고 아빠랑 이야기하자. 생각보다 중요한 부분이야."

저녁을 먹고 우리는 과일을 준비해서 거실 바닥에 앉아서 이야기를 시작했다.

"그래서 서안이는 또 뭘 봤어?"

"이산가족이 막 우는 것 봤어. 이산가족은 흩어진 가족이라고 했어. 나도 너무 슬퍼서 울었어."

"그래? 그게 분단의 아픔이지. 맞아 똥개할머니도 함경도 출신이고 그곳에 동생과 가족들이 있다고 했었어. 죽기 전에 동생 한번 보고 싶다고 하셨는데…. 결국에는 그냥 돌아가셨지."

"슬프다. 정말."

"그렇지. 그런데 우리가 왜 갈라진 것인지 분명히 알 필요가 있어. 우리는 그냥 나누어 진 게 아니야. 생각이 달라서? 아빠가 생각하기에는 우리가 힘이 너무 없었기 때문이야. 열강의 지나친 간섭으로 인한 이권 다툼 속에서 죄 없는 우리 민족이 갈라지게 된 거지."

"그게 무슨 말인지 잘 모르겠어."

"응~ 이제 이야기해 줄게. 일단 서안이는 민주주의와 공산주의라는 말을 알아야 할 것 같아."

"민주주의? 공산주의?"

"응~ 민주주의라는 것은 우리나라처럼 자유로운 나라를 이야기해. 국민이 주인이 되어 나라에 필요한 인재를 뽑고 자유롭게 돈을 벌고 자유롭게 돈을 쓰는 그런 나라. 쉽게 이야기하면 이런 나라들을 민주주의 국가라고 한단다."

"우리나라네? 좋은 거잖아."

"그렇지. 그런데 서로 자유롭게 경쟁을 하다 보니 부자는 너무 부자가 되고 가난한 사람이 생기고 거지가 생겼지. 어떤 사람은 행복하지만 어떤 사람은 불행했어. 그래서 사람들은 공산주의라는 것을 생각해 냈어. 동일하게 다들 열심히 일하고 일해서 번 돈은 국가가 가져가고 국가가 평등하게 나누어 줘. 모든 사람이 평등하게 살 수 있지."

"와~ 그게 더 좋은 것 같아."

"그런데 이러면 어떤 사람은 열심히 일하고도 많은 돈을 가져가지 못하다 보니 열심히 일하려는 사람이 점점 사라지지. 그러면 국가는 쇠퇴하게 된단다."

"어? 듣고 보니 그러네."

"응~ 이것이 순수한 민주주의와 공산주의의 뜻이야. 그런데 우리나라는 민주주의, 북한은 공산주의 나라이지. 예전에는 중국과 소련이라는 나라가 공산주의였고, 물론 지금도 중국은 공산주의지만 좀 자유로워진 공산주의라고 볼 수 있어."

"그럼, 이것 때문에 싸운 거야?"

"그렇지. 국가를 어떤 식으로 운영할 것인가는 중요한 문제니까. 이제 민주주의와 공산주의가 대충 어떤 것인지 알겠지?"

"응."

"그럼 우리가 일제에 어떻게 해방이 되었는지 이야기 해줄게."

"기대된다. 하하."

"일본은 한국을 점령했고 중국과 러시아도 이겨보니 겁이 없어졌어. 이제 미국을 침공한단다. 미국의 진주만에 공습을 해버리는 거지. 어이없게도. 그런데 미국은 만만한 상대가 아니었어. 미국은 일본에 본때를 보여 준단다. 바로 핵폭탄을 날려버린 거지. 전에 아빠가 핵폭탄의 위력에 대해서 말해준 적 있었지?"

"응~! 한번 떨어지면 울산은 흔적도 없이 사라진다고."

"맞아, 일본은 그 핵폭탄을 두 방이나 맞지. 그리고는 일본 왕은 벌벌 떨면서 무조건 항복을 선언한단다."

"어? 끝난 거야?"

"그래, 우리나라 독립군들이 피로 물들였고, 수많은 동포가 고통을 겪었으며, 아름다웠던 조선의 꽃들이 다 시들었는데, 정말 아무렇지 않게 갑자기 그냥 해방되어 버린 거야. 그것도 우리 힘이 아닌 남의 나라의 힘으로. 그 해방을 두고 어떤 소설가는 '해방은 도둑놈처럼 다가왔다.' 라고 표현했을 정도니까."

"그렇지만 해방되면 좋잖아."

"그래, 맞아 사람들은 너나 할 것 없이 거리로 뛰쳐나와서 만세를 불렀어. 독립에 대한 해방을 노래하고 목이 터지라 외쳤어. 그리고 환호했지. 정작 문제는 그 이후에 일어난단다."

"무슨 문제?"

"통치하던 일본이 빠져버렸으니 우리나라의 인물들이 다스리면 되겠지?"

"대한민국임시정부가 있었잖아."

"오호~ 맞아. 그런데 대한민국임시정부는 그 역할을 제대로 할 수 없었어. 그 내부에서도 사람들의 생각은 모두 달랐어. 여운형, 김구, 이승만 등 굵직한 인사들이 생각이 달랐고 이들은 각자 자기를 지지하는 이들을 이끌고 뿔뿔이 흩어졌어. 그래, 생각의 차이. 어떤 사람들은 공산주의 어떤 사람들은 민주주의를 생각하게 된 거지. 그러나 그 가운데서도 민족을 분단케 할 수 없어서 노력한단다."

"누가 그랬어?"

"여운형이 있지. 여운형은 조선건국을 위하여 발 빠르게 조선건국위원회를 만들고 조선인민공화국을 만들었으나 대한민국임시정부의 인사들이 참여도 하지 않았고 미국과 소련의 개입으로 불발되고 말아."

"흠, 또 갈라진 거구나."

"그래. 맞아. 강력한 집권이 없었고, 이때의 세계의 정세가 그러하였어. 미국 영국 등의 민주주의와 중국 소련의 공산주의가 팽팽하게 맞서는 이름하여 냉전시대였던 거야. 세계의 열강들이 팽팽하게 맞서면서, 우리나라를 두고 공산주의 쪽에서는 그쪽에 가까운 사람들을 자기편으로 만들었고, 민주주의 쪽에서는 그쪽에 가까운 사람들을 자기편으로 만들면서 결국 우리나라는 심각하고 극단적인 생각의 차이를 나타내기 시작해."

"막 갈라지고 그런 거야?"

"응, 게다가 통치하던 일본이 갑자기 빠졌으니 일본의 무장을 해제한다는 핑계로 미국과 소련이 도와주겠다고 나섰지. 북위 38선을 기준으로 위로는 소련이 아래로는 미국의 군인들이 들어와서 우리를 도와줄 거라고 했던 거야. 그러면서 본격적으로 갈라지기 시작한 거지."

"왜 우리나라에 자기네들이 들어와서 그래?"

"음, 처음에는 5년간 미국, 영국, 소련, 중국이 들어와서 통치를 하고 독립을 도와주며 안정이 되면 이 나라들은 철수하겠다 하였지만 결국 이들이 우리나라로 들어오면서 이 한반도는 열강들의 이권 다툼의 장이 된 거야."

"도움은 못줄망정…."

"그러게, 그러면서 미국은 이승만 전 대통령을 중심으로 민주주의를 표방하며 국가를 세워. 이를 보고 북한 쪽의 김일성 주석을 중심으로 소련이 공산주의 국가를 세운단다. 바야흐로 우리는 분단을 맞이하게 된단다."

"여운형 말고 우리나라 독립운동가들은 아무 일도 안 한 거야?"

"아니지. 아니지. 그건 아니야. 처음에 나라들이 세워지기 전에 김구 선생이나 김규식 등은 분단이 될 것 같아 보이자 그러면 안 된다며 북한에서 모두 모여 대화를 하자고 제안했지만 실패했고, 그 과정에서 안두희라는 사람에게 암살당하고 말아."

"에? 김구 선생님 그렇게 허망하게 돌아가신 거야?"

"그래, 평생을 독립에 힘썼고 우리나라의 분단을 막고자 했던 김구 선생은 그렇게 돌아가셔. 분단을 막으려고 한 사람들을 소련과 미국이 좋아할 리 없겠지. 그리고 북한은 군대를 이끌고 남한을 침공한단다. 6·25 전쟁이 발발한 것이지."

"아, 그래서 전쟁이 벌어진 것이구나…."

"그래, 1950년 6월 25일 새벽 4시 모두가 잠들어 있던 그 시간에 북한은 38선을 뚫고 남한으로 침입했어. 한민족끼리 서로 총칼을 겨누기 시작한 거야. 북한은 압도적인 군사력으로 밀고 내려와서 남한은 현재의 부산지역까지 밀려 내려온단다. 그러나 이를 두고 볼 미국이 아니었어. UN이라는 연합군을 결성하여 북한을 위에서부터 압박해오기 시작했어. 이 작전은 미국에 유명한 장군인 맥아더 장군이 인천상륙작전을 통해서 인천과 서울을 다시 찾으면서 시작되었단다. 북한은 처음과는 다르게 힘이 떨어지기 시작했어. 남한의 군인들은 그 기세를 몰아서 평양 쪽으로 진격을 시작했지. 그런데."

"그런데?"

"북한에는 중국과 소련이 있었어. 중국은 이름하여 인해전술…. 3백만이라는 엄청난 인원을 쏟아부으며, 사람이 바다를 이루는 것처럼 물량으로 승부하게 되지. 서로 팽팽한 싸움이 계속되고 정말 엄청난 인원이 죽었어. 일본에 그만큼 당하고도 우리끼리 또 그 싸움을 벌이게 된 거지. 그 과정에서 정말 많은 사람이 헤어졌고, 자식을 잃고, 아버지를 잃었단다. 전쟁은 양측 모두를 황폐화시켰어. 3년간의 싸움은 그야말로 아무런 소득 없이 서로를 희생시키기만 한 싸움으로 끝이 난단다."

"아…."

"외국의 신문이나 뉴스들은 20세기의 가장 참혹했던 전쟁, 서로가 서로를 겨눈 하나의 민족 간의 전쟁으로 이를 묘사했고, 타인의 이득이 자신의 이득인 양 눈이 멀어버린 어리석은 민족의 지도자들에 의해 그 안에 살고 있던 국민은 돌이킬 수 없는 비극을 맞게 되는 거야."

"선생님이 이제 전쟁은 없을 거라고 했어."

"원래 우리는 휴전선이라고 해서 전쟁을 쉬고 있는 상태였어. 지금 종전의 논의를 하고 있지. 종전이라는 것은 전쟁을 끝을 낸다는 것이야. 전쟁은 끝을 내고 이제 새로운 길로 나아가야지."

"똥개할머니도 아주 아쉬웠겠다."

"그래, 하지만 이제 새로운 시대는 서안이의 시대지. 서안이가 친구들한테 많이 알려줘. 우리가 헤어지게 된 이유 그리고 우리가 합쳐져야 할 이유를 말이야."

"꼭 그렇게 할게. 다들 내 이야기 들으시오~"

"잘한다. 우리 딸."

용돈 좀 빌려주라

요즘 아내가 딸에게 용돈을 주고 있는 모양이었다. 딸은 일주일에 받는 용돈 1,100원을 꼬깃꼬깃 지갑에 넣어두고 학교를 마치면 친구와 함께 문방구로 가서 무언 가를 손에 들고 집으로 향한다고 했다. 그 모습이 어찌나 귀여운지 놀려먹고 싶은 생각이 들었다. 주말에 산책하던 중 딸아이가 지갑을 들고 나가는 것을 얼른 알아챘다.

"딸, 아빠는 돈이 없어서 먹고 싶은 것도 못 사 먹는데 커피가 한잔 딱 마시고 싶다."

"응? 커피 얼만데?"

"음, 저기 앞에 가면 좀 싼 데 있는데, 거기 1500원"

딸은 손으로 무언 갈 세 보더니 나에게 물었다.

"꼭 마시고 싶어? 그냥 참으면 안 돼?"

"참을 수는 있는데 이럴 때는 시원한 아메리카노 한잔 마시면 참 좋은데 아쉽네, 아빠도 돈이 없고,서안이도 돈이 없어서."

"아냐, 나 돈은 있는데, 아~ 그냥 참아~~~."

"있으면 좀 사줘. 아빠도 너한테 돈 있을 때 많이 사주잖아."

"흠, 이번만이다."

난 속으로 쾌재를 부르며 딸을 끌고 커피점으로 갔고, 딸은 뾰로통하게 지갑에 꼬깃꼬깃 접어두었던 2,000원을 냈다.

"고마워. 잘 먹을게."

"으응…."

"아, 진짜 너 아빠한테 이거 하나 사준 거 가지고 그렇게 실망할 거야?"

"내 용돈이 1,100원인데 일주일 용돈을 다 쓴 거란 말이야."

"대신에 역사 이야기 하나 해줄게. 최근에 일어난 이야기인데 아빠도 겪었던 일이야."

"오, 아빠도 겪었다고? 그것도 역사야?"

"역사라는 것은 지금도 진행되고 있잖아. 돈에 관련된 이야기이니까 한번 들어봐."

눈빛이 초롱초롱해지는 것을 보니 어느새 잊어버렸나 보다 역시 아이들은 단순해서 좋다.

"너 IMF라는 거들어봤어?"

"그게 뭔데?"

"국제 통화기금이라는 곳인데 나라 간의 물건을 거래하는 일을 공정하게 하고 각각의 외국 돈들을 관리하여 문제가 안 생기도록 하는 곳이야."

"그런데, 그게 왜?"

"우리나라 자체가 부도가 나서 이 IMF에 구제금융이란 것을 신청한 적이 있었어."

"응? 부도?"

"응, 간단하게 말해서 망했다는 이야기지. "

"응? 나라가 어떻게 망해? 그런 일도 있어? 다른 나라에 또 빼앗긴 거야?"

"그런 개념은 아니고 어떤 건지 알려 줄게. 우리나라는 이제 자유민주주의가 확실히 자리를 잡았고 경제도 눈부시게 발전하기 시작했어. 세계 여러 나라의 거대한 회사들이 우리나라에 돈을 빌려주면서 더 발전해서 갚으라고 하는 투자라는 형식으로 돈이 많이 들어오지. 경제는 아주 잘 돌아가기 시작했고 나라의 돈이 많아지기 시작했단다. 그런데 그렇게 돈이 자꾸 들어오는 것이 좋은 것만은 아니었어."

"왜?"

"빌린 돈이니까. 물론 이 돈으로 경제가 잘 돌아가긴 했지만, 이 돈을 갚으라고 갑자기 한다면? 우린 돈이 없잖아?"

"그러겠다."

"이 구조는 이래. 은행은 돈을 빌려와서 기업들에 빌려주고 기업들은 돈을 벌어서 은행에다가 갚고 그럼 은행은 빌려준 돈에다가 약간의 이자를 부쳐서 외국의 기업에 갚는 거지. 그런데 그 돈이 적정 수준을 넘어가기 시작했고, 더는 우리나라의 투자가치가 없어지자 빌려줬던 돈을 갚으라고 했지. 그러면 은행들은 기업에 돈을 갚으라고 하겠지?"

"응, 그럼 기업은 돈이 없으니까 돈을 못 갚겠네. 그럼 은행은 어떻게?"

"그래, 그렇게 되면? 부도 즉 망한다는 거야. 은행도 망하고 기업도 망하고 모두 모두. 이게 한 곳 두 곳만 되면 다행인데 거미줄처럼 복잡하게 얽혀 있는 회사들이 커다란 회사가 무너지면 그 밑의 회사들이 줄줄이 무너지는 거야. 기업들이 줄줄이 망하기 시작했어. 외국의 자본들이 줄줄이 빠져나가면서 기업들도 줄줄이 쓰러졌어. 그러자 나라에서는 외국 돈이 급속하게 없어지기 시작했지."

"그럼 우리가 돈 만들어서 갚으면 되잖아."

"우리나라에서는 우리 돈만 만들 수 있잖아? 외국 돈을 만들 수는 없지."

"아~"

"회사가 망하면 어때? 아빠 같은 회사원들은?"

"그럼, 어디서 돈 벌어?"

"그래, 회사가 망해서 갈 데가 없어진 가정들은 정말 힘든 시기를 보내게 된단다. 정부는 IMF에다가 긴급통화지원을 요청한단다."

"그게 뭐야?"

"국제금융기구에 우리 지금 나라가 부도났으니 돈 좀 빌려 달라 하는 거지."

"그럼 돈 빌려줘?"

"응. 빌려는 주는데 경제적인 치욕이지. 돈을 빌려주는 대신에 여러 가지 경제적인 간섭도 하고 제한도 많아. IMF에서 돈을 빌린 나라는 다시 일어서는 게 엄청 힘들단다."

"헉~ 어떻게 그럼."

"그러게. 그때 정말 많은 사람이 자살하고 길거리로 쫓겨나고 국민들은 살기가 엄청나게 힘들어지고 했지. 아빠도 기억나. 할아버지도 그때 직장에서 나와서 운 좋게 다른 회사로 들어가는 데 성공했다고 우리 엄청나게 좋아했었거든."

"진짜?"

"그래~ 그랬었지. 아무튼, 이 IMF 영향으로 들어간 다음에 우리나라 국민이 대단하다는 것을 또 느끼게 돼."

"왜?"

"국채보상운동~!"

"국채보상운동? 그게 뭐야?"

"예전에 우리나라 일본강점기일 때 일본이 억지로 만들어낸 나라의 빚이 있었거든. 그때 우리나라 사람들이 이 돈을 갚아서 독립을 쟁취하자며, 남자들은 담배를 끊고 그 돈을 아껴서 내고 여자들은 반찬을 한가지씩 줄여서 그 돈을 나라의 빚을 갚는데 갚자고 일어난 범국민적 운동이야. 정말 대단한 돈이 모였었어. 물론 그 돈으로 독립을 쟁취하지는 못했지만, 우리나라 사람들이 얼마나 대단한지 보여 준 운동이었지."

"근데 그건 일본강점기잖아."

"응, 제2의 국채보상운동인 국민 금 모으기 운동!!"

"금?"

"응. 우리가 돈을 만들 수는 없지만, 금으로 돈을 살 수 있잖아. 그러니까 국민들이 금을 모아서 내놓으면 정부와 기업이 사들여서 이것을 외국 돈으로 바꾸는 식으로 돈을 만들기 시작했어. 그때 정말 집에서 잠자고 있던 돌 반지 하며, 엄마가 시집올 때 해왔던 결혼반지, 회사에서 선물 받았던 금, 심지어 금 이빨까지."

"금 이빨? 크크크, 그럼 그 사람은 이빨 빠져 있겠다."

"그래. 그렇게 해서라도 나라를 위해서 내놓기 시작했어. 그와 더불어 노벨평화상을 받으신 고 김대중 전 대통령이 엄청난 경제정책 변경으로 우리나라는 약 4년 만에 거뜬히 일어난단다. 정말 대단한 국민성이지."

"잠깐만! 저번에 민주화운동 할 때 그 정치하던 분?"

"응 맞아, 그 민주화 운동하던 정치가가 대통령이 되어서 경제정책을 수정하고 우리나라를 다시 일으켜 세웠지. 물론 그 이후로 후유증도 많았지만, 그것은 차차 고쳐나가야 하는 부분이고 4년 만에 이겨낸 게 어디야~ 그때 막 생각난다. IMF 체제 벗어났다고 막~ 만세 부르고 했던 게. 뉴스에서 '국민 여러분 기뻐하십시오. 드디어 우리나라가 IMF 체제를 벗어났습니다.' 그러면서.

"대단하신 분이구나."

"응, 존경할 만한 분이지. 자, 어때? 서안이 이 이야기 듣고 나니 어떤 생각이 들어?"

"돈 있을 때 아껴 써야 하겠다?"

"그렇지~ 그런 의미에서 여기 2천 원~"

"어? 나 주는 거야?"

"그래~ 아빠도 갚았다. 엄마한테 구제금융신청 안 해도 되겠네."

"오케이. 근데 500원 더 줬는데?"

"그건 이자, 돈을 빌렸으니 이자를 주는 건 당연하잖아?"

"고마워, 앞으로도 자주 빌려줄게."

"이 녀석이~~~ 하하."